绘世人生心理学系列:说话心理学
SHUOHUA XINLI XUE

别输在不会表达上

BIE SHUZAI BUHUI BIAODA SHANG

冠诚◎著

郑州大学出版社
郑 州

图书在版编目（CIP）数据

说话心理学：别输在不会表达上/冠诚著. —郑州：郑州大学出版社，2017.8（2021.4 重印）

（“绘世”人生心理学丛书）

ISBN 978 - 7 - 5645 - 4550 - 5

Ⅰ. ①说… Ⅱ. ①冠… Ⅲ. ①成功心理 - 通俗读物 Ⅳ. ①B848.4 - 49

中国版本图书馆 CIP 数据核字（2017）第 148035 号

郑州大学出版社出版发行

郑州市大学路 40 号　　邮政编码：450052

出版人：张功员　　发行电话：0371 - 66966070

全国新华书店经销

三河市华晨印务有限公司印制

开本：880mm × 1230mm　1/32

印张：6

字数：190 千字

版次：2017 年 8 月第 1 版　　印次：2021 年 4 月第 3 次印刷

书号：ISBN 978 - 7 - 5645 - 4550 - 5　定价：35.00 元

本书如有印装质量问题，由本社负责调换

前 言

梁实秋先生将人的谈话分为三种方式：独白、倾听和交谈。

每个人周围似乎都有这样的人设：一打开话匣子就滔滔不绝，别人想插嘴都没有机会的人；钳口结舌、一言不发，如果非要张嘴就用最经济的语言打发别人的人。有人认为语言是人与人之间沟通的桥梁，是一种推销自己的方式。相谈甚欢也许会创造机会，口若悬河更容易把握机会。也有人认为相对无言、莫逆于心、寡言少语就能避免祸从口出，不少精于世故的人总会劝说别人多听少说。平时不大开口的那些人也大多给人一种高深莫测的感觉；若太过于口无遮拦，遇人三五句话就交了底，则会让人一眼望穿。

但是，不常开口不等于不会开口。有的人舌灿如莲，有时却免不了油嘴滑舌甚至肤浅幼稚，将自己一览无余地呈现在别人面前。有的人三缄其口，却也能在关键时刻有理有据、掷地有声。可见，说话效果本不在量，而在质。

生活中也不乏这样的人：办事靠谱、人品不差，但是一张嘴太“贱”，因此得罪了不少人。相熟者知道这是他的脾气秉性，不与其一般计较。交往不深的人却很容易因此对其产生反感甚至造成误会。不过说是“误会”，实则不然。这其实就是一种不尊重他人的不礼貌行为。久而久之，这个人就会变成“过街老鼠”，人际交往会难上加难。

说话其实也是有技巧的。梁实秋先生用写作文来比喻说话："有主题，有腹稿，有层次，有头尾，不可语无伦次。"文章讲究"凤头"，说话时的"开口"也要"引人入胜、不同凡响"。商务往来之时的客气寒暄、开门见山，家人之间的嘘寒问暖、体贴关怀，情人之间的喁喁私语，甚至骂人对战也是需要铿锵有力、克敌制胜。此外还有说话时的语气语调、距离等细枝末节，同样大有学问。可想而知，在生活中不会说话得吃多大的亏！

语言是一个人打开世界大门的钥匙，也是架起人与人之间沟通桥梁的工具。不会说话，会让你在工作中与大量机会擦肩而过，让你和爱人朋友摩擦不断，甚至分道扬镳。当世界变得越来越开放，人自然要越来越主动。如果一个人连说出自己心声的勇气和能力都没有，那么幸运之神将永远不会垂青于他。

本书从事业、家庭、爱情等多个生活真实场景出发，运用大量有趣的故事案例，向读者一一展示说话的技巧。文中故事读来生动有趣，引人入胜，同时也发人深省。书中为读者提供了大量切实可行的说话技巧，帮助读者把说话变成一门艺术、变成一种能力。我们的目的是让不敢开口的人不再缄默，让敢于说话的人修炼出"三寸不烂之舌"。让你的人际关系不因不会说话而一塌糊涂，让你的人生不因不会说话而一败涂地。

编　者

目 录

第一章

不是每个人都“会说话”

与人交谈，贵在真诚。有诗云：『功成理定何神速，速在推心置人腹。』只要你与人交流时能捧出一颗恳切至诚的心，一颗火热滚烫的心，怎会不让人感动？怎会不动人心弦？

真心的话最动人

白居易曾说："感人心者，莫先乎情。"炽热真诚的情感能使"快者掀髯，愤者扼腕，悲者掩泣，羡者色飞"。

讲话如果只追求外表漂亮，缺乏真挚的感情，开出的也只能是无果之花，虽然能欺骗别人的耳朵，却不能欺骗别人的心。著名演讲家李燕杰说："在演说和一切艺术活动中，唯有真诚，才能使人怒；唯有真诚，才能使人怜；唯有真诚，才能使人信服。"若要使人动心，就必须要先使自己动情。

第二次世界大战期间，年近七十岁的英国首相丘吉尔在对秘书口授反击法西斯的战争动员讲演稿时，激动得像小孩一样，哭得涕泪横流。他的这一次演讲动人心魄，极大地鼓舞了英国人民反法西斯的斗志。

与人交谈，贵在真诚。有诗云："功成理定何神速，速在推心置人腹。"只要你与人交流时能捧出一颗恳切至诚的心，一颗火热滚烫的心，怎会不让人感动？怎会不动人心弦？

北宋词人晏殊素以说话真诚著称。他 14 岁时参加殿试，真宗出了一道题让他做。晏殊看过试题后说："陛下，十天以前我已经做过这个题目了，草稿还在，请陛下另外出个题目吧。"真宗见晏殊如此真诚，感到他很可信，便赐予他"同进士出身"。

晏殊在史馆任职期间，每逢假日，京城的大小官员常到外边吃喝玩乐。晏殊因为家贫，没有钱出去，只好在家里和兄弟们读书、写文章。有一次，真宗点名要晏殊担任辅佐太子的东宫官，许多大臣不解。真宗对此解释说："近来群臣经常出门游玩饮宴，唯有晏殊与兄弟们闭门读书，如此自重谨慎，正是东宫官的合适人选。"然而晏殊向真宗谢恩后说："其实我也是个喜欢游玩饮宴的人，但因家里贫穷无法出去。如果我有钱，也早就参与宴游了。"这两件事，使晏殊在群臣面前树立起了信誉，而真宗也更加信任他了。

业务员布鲁克，欲前往农场向农场主人推销公司的收割机。到达农场后他才知道，前面已经有十几个不同公司的业务员向农场主人推销过收割机，但农场主人都没有买。

布鲁克来到农场时，无意中看到花园里有一株杂草，便弯腰下去想把那株杂草拔除，这个小小的动作恰巧被农场主人看见了。

布鲁克见到农场主人后，正准备介绍公司的产品时，农场主人却阻止他说：“不用介绍了，你的收割机我买了。”

布鲁克大感疑惑地问：“先生，为什么您看都没看就决定购买了呢?”

农场主人答：“第一，你的行为已经告诉我，你是一个诚实、有责任感、心态良好的人，因此值得信赖。第二，我目前也确实需要一台收割机。”

由此可见，说话的魅力，不在于说得多么流畅华丽，而在于是否善于表达真诚。最能推销产品的人，不见得是口若悬河的人，有时候一个不经意的肢体语言，远胜于滔滔不绝。

美国前总统林肯就很注意培养自己说话的真诚情谊，他说：“一滴蜂蜜要比一加仑胆汁更能吸引更多的苍蝇。人也是如此，如果你想赢得人心，首先就要让他相信你是他最真诚的朋友。那样，就像一滴蜂蜜吸引住他的心，也就是一条坦然大道，通往他的理性彼岸。”1858 年，他在一次竞选辩论中说：“你能在所有的时候欺骗某些人，也能在某些时候欺骗所有的人，但你不能在所有的时候欺骗所有的人。”这句著名的政治格言也是林肯的座右铭。

如果你能用得体的语言表达你的真诚，你就很容易赢得对方的信任，与对方建立起彼此信赖的关系，让友谊长存。能够打动人心的话语，才可称得上是“金口玉言”，一字值千金。

世界会对真诚的你温柔以待

“逢人只说三分话，莫要全抛一片心”，这是一句为人处世的俗语，说对人要“阴者勿交，傲者少言”，意思是说假如你遇到一个表情阴沉、默默寡言的人，不要急着推心置腹表示真情；假如你遇到一个高傲自大、愤愤不平的人，要谨慎自己的言谈。

其实，这只是将自己围起了一道防线，生怕自己遇人不淑；人与人的心灵之间筑起一堵高墙，越来越多的城市居民进入了“陌生居住”时代，邻里之间“犬之声相闻，老死不相往来”。人们在感叹人与人相处很难时，殊不知是自己把心门关闭起来了，别人又如何进来？

孟子云：“欲见贤人而不以其道，犹欲其入而闭之门也。夫义，路也；礼，门也。”想见贤人而不按合适的方式，那就像要人进来，却又把他关在门外。用什么方式，“义”“礼”也。孟子的这句话的含义是：你待人以善意，别人以善意相报；你待人以真诚，别人以真情回馈。这也就是我们经常所说的“将心比心”“以心换心”。

有的人对真诚待人抱怀疑或否定态度，理由是：我真诚待人，人若不真诚待我，那我岂不是很傻、很吃亏吗？不可否认，生活中存在这样的人：虚伪、狡诈、阴险，一肚子小心眼，玩弄他人的真诚，戏弄他人的善良，算计他人的毫无防备，蹂躏他人的真情实意，以怨报德、以恶报善。但是，这种人在生活中毕竟是少数，在他们的丑陋嘴脸暴露后，必将被众人所指责和唾弃，并被群体厌恶和排斥。

因此，当我们的善良和真诚被居心叵测的人愚弄之后，吃亏更多、损失更大的并不是自己，而是对方。伤人的人在承受你愤恨的同时，还要承受他人的蔑视以及被群体排斥的孤独。

有的人怕真诚待人吃亏上当，因此想别人先主动真诚待己。你真诚待了我，我再真诚待你，这是被动为善的人际关系态度。如果人人都这样想，人人都不肯首先付出，那么这个世界上还有真诚吗？

弗莱明是苏格兰一个穷苦的农民。有一天，他救起一个掉到深沟里的孩子。第二天，弗莱明家门口迎来了一辆豪华的马车，从马车上走下一位气质高雅的绅士。见到弗莱明，绅士说：“我是昨天被你救起的孩子的父亲，我今天特地过来向你表示感谢。”弗莱明回答：“我不能因救起你的孩子就接受报酬。”正在两人说话之际，弗莱明的儿子从外面回来了。绅士问道：“他是你的儿子吗？”农民不无自豪地回答：“是。”绅士说：“我们订立一个协议，我带走你的儿子，并让他接受最好的教育，假如这个孩子能像你一样真诚，那他将来一定会成为让你自豪的人。”弗莱明答应签下这个协议。数年后，他的儿子从圣玛利亚医学院毕业，发明了抗菌药物青霉素，一举成为天下闻名的亚历山大·弗莱明爵士。

有一年，绅士的儿子，也就是被弗莱明从深沟救起来的那个孩子染上了肺炎，是什么将他从死亡的边缘救了回来？是青霉素。那个气质高雅的人是谁呢？他是二战前英国上议院议员老丘吉尔，绅士的儿子是谁呢？他是二战时期英国的著名首相丘吉尔。

本杰明·富兰克林曾说过，一个人种下什么，就会收获什么。弗莱明正是因为真诚待人才让自己的儿子有了成才的机会。老丘吉尔也因为真诚待人才拯救了自己儿子的生命，并使之成为 20 世纪影响人类历史进程的政治家。

当松下电器公司还是一个乡下小工厂时，作为公司领导，松下幸之助总是亲自出门推销产品。每次碰到砍价高手时，他总是真诚地说：“我的工厂是家小厂。炎炎夏日，工人们在炽热的铁板上加工制作产品。大家汗流浃背，却依旧努力工作，好不容易才制造出了这些产品，依照正常的利润计算方法，应该是每件×元承购。”听了这样的话，对方总是开怀大笑，说：“很多卖方在讨价还价的时候，总是说出种种不同的理由。但是你说得很不一样，句句都在情理之中。好吧，我就按你开出的价格买下来好了。”

松下幸之助的成功，在于真诚的说话态度。他的话充满情感，描绘了工人劳作的艰辛、创业的艰难，语言朴素、生动，语气真挚、自然，让对方心有戚戚焉。正是他的真诚，才换来了对方真诚的合作。

会说话的人，常常是最善于说对方感兴趣话题的人；最会办事的人，也常常是那些做了让对方感激或感动的事的人。

被公认为“魔术师中的魔术师”的哲斯顿，在他活跃的那个年代，他精彩的表演能让超过六千万的观众买票进场看他的演出，使他赚得两百万美元的利润。卡耐基花了一个晚上待在他的化妆室里，向他请教成功的秘诀是什么？哲斯顿说，他的成功并不是因为他的魔术知识特别丰富，因为关于魔术手法的书他已经有好几百本，而且有几十个人跟他懂得一样多。他一直做的，就是从观众的角度出发，多为观众着想，懂得表现人性。

哲斯顿对每个观众都真诚地感兴趣。他告诉卡耐基，许多魔术师会看着观众，对自己说：“坐在台下的都是一群傻子和笨蛋，我可以把他们骗得团团转。”而哲斯顿却不这样想。他每次在上台时都会对自己说：“我很感激，因为这些人来看我的表演，是我的衣食父母，是他们让我过上舒适的生活。因此，我要把我最高明的手法表演给他们看。”他宣称，他没有一次在走上台时，不是一再地对自己说：“我爱我的观众，我爱我的观众。”卡耐基认为，哲斯顿的成功秘诀就是如此简单，那就是对他人感兴趣，这就是一位有史以来最著名的魔术师所采用的秘方。

千百年来，刘备“三顾茅庐”一直被传为佳话。

刘备邀请诸葛亮出山，听人说诸葛亮“每常自比管仲、乐毅”，当时的名士司马徽则赞之为：“可比兴周800年之姜子牙，开汉400年之张子房。”这样，刘备心中有了底。一顾茅庐，诸葛亮避而不见，张飞耍脾气：“量一村夫何必兄长自去，可使人唤来便了。”当刘备二顾茅庐，诸葛亮又避而不见，连一直极为持重老成的关羽也耐不住了。可刘备留下一书，以表诚意。三顾茅庐，诸葛亮故意仰卧草堂迟迟不起，让刘备等三人拱立阶下几个时辰，最后才欣然出山，“定三分隆中决策”，开创“两朝开济老臣心”的伟业。

刘备的诚心终于感动了诸葛亮，真可谓“精诚所至，金石为开”。人人都需要被尊重，特别是拥有较高社会地位、有所建树的能人学者，往往骨子里有些清高或傲气。在与他们交往时，要礼让三分。一旦被你的诚心感动，他们会加倍地信赖你，也会用各种形式来报答你。

无独有偶，著名慈善家邵逸夫为了物色人才，也上演了一幕现代版的“三顾茅庐”，挖到了宝贵的“人力金矿”。

人称“六叔”的邵逸夫叱咤娱乐圈大半个世纪，打造邵氏、无线两个电影、电视王国，培育了数之不尽的演艺人才，以他名字命名的校园建筑遍布中国。

1958年，邵逸夫花费32万元买下清水湾近80万平方英尺的土地，建造“邵氏影城”，展开“制梦工厂”计划。当时，邵先生的事业不缺摄影棚、新公司、机械设备，缺的是人才，如制片、化妆、剪辑、配音、编剧、导演、演员……

邵逸夫来香港主持“邵氏”，头等大事是要物色宣传人才，作为自己的左膀右臂。这个角色举足轻重，他必须既懂业务、熟悉市场行情，又善于运用传媒、把握宣传的分寸；还要具有雄辩的口才、敏锐的头脑、良好的社交才能，必须是一个一专多能的全面型人才。招聘广告刊登出去后，尽管登门面试者络绎不绝，宣传人才却始终像那水中月、镜中花般虚无缥缈，不见芳踪。邵逸夫感叹：简直如大海捞针一样难呀！

这时，上海新闻界之才子吴嘉棠为邵先生推荐了邹文怀。此人毕业于上海圣约翰大学，讲一口流利的上海话和英语，是个不可多得的人才。吴嘉棠穿针引线，邹文怀同意与邵逸夫见面。邵逸夫对这次见面极为重视，精心准备了一番。还亲自把关，挑选出自己满意的“邵氏”出品影片。

见面安排得隆重热烈，规格甚高。那天上午，邵逸夫一身新装，早早地恭候邹文怀的光临，然后设宴款待，为他接风洗尘。饭后又陪同邹文怀一起看戏，欣赏“邵氏影片”。邵逸夫费尽心思，去迎接一位素不相识的客人，可谓几十年平生头一遭。他心中自有如意算盘：眼下人才奇缺，若想成霸业，必须有一流人才相佐。刘备请诸葛亮尚且三顾茅庐，我要邹文怀相助，也自当礼贤下士。

看完影片，邹文怀彬彬有礼，谦恭客气地起身告辞。邵逸夫本想与邹文怀长谈一番，拍板敲定工作之事。不料，他却急着要走，没有表明态度。邵逸夫最后沉不住气了：“邹先生，你看工作之事是不是可以定下来？什么时候来上班？”“邵老板，你的好意我心领了，这件事以后再谈吧。”邹文怀婉言谢绝。邵逸夫不再言语，默默地送邹文怀上车。他怅然若失，觉得如果错过邹文怀这样稀缺的人才实在太可惜，下决心一定要请到他为自己工作。

很快，他又找到邹文怀。几句寒暄之后，邵逸夫单刀直入说明来意。邹文怀被邵逸夫的诚意打动了，决定接受邵逸夫的聘请。但又提出一个要求：“邵先生，宣传部必须由我亲自组织班底，这个条件必须答应我。”“好啊，这个要求我完全同意，你尽管放心。”邵逸夫当即拍板定音。

邵逸夫几经游说，并许以重金礼聘，邹文怀终于应允出任“邵氏”宣传部主任之职。宣传人才问题迎刃而解，其他一切困难就冰消雪融了。邵逸夫一鼓作气，乘胜追击，撒开一张大网吸纳八方人才，开始了事业的腾达。

把自己当成别人

美国哲学家、诗人埃默生，有一天和儿子想把一头在牧场上撒欢奔跑的小牛犊赶回牛栏。埃默生在后面使劲推，他的儿子在前面用力拉，但是小牛犊就是不愿跨进牛栏。它倔强地低着头，死死地抵住地面，不按父子俩的意愿行动。他们家的那位爱尔兰女佣见状，把沾有盐味的手靠近小牛犊的嘴。小牛犊便一边吮吸她的手，一边甩着尾巴跟着她进了牛栏。

在生活中，许多人常常自以为是，喜欢以自己的价值尺度去衡量他人的生活方式，结果常常感到困惑：自己认为好的，对方不一定认为好；你认为自己为对方付出了很多，但对方却认为这些付出对他没有意义……

如果你只是从自己的角度来看问题，纵然你有利人利己的美好愿望，有时也难以被对方接受，最终的结果可能适得其反。多数人际冲突的产生，都是由于人们过分强调自己的立场，而不能从对方的角度来理解问题。事实上，他的做法与你的看法不同，并不代表他一定是错的，而你一定是对的。如果你处在他的位置、在同样的状况下，你的做法可能与他并没有什么不同。

所以，在人际交往的过程中，要达成良好的人际沟通效果，寻求他人的支持与合作，营造利人利己的双赢局面，就必须学会换位思考——凡事要从对方的立场去想想："如果我是他的话……"

请读者朋友再看一位美国出租车司机的故事。

哈维在机场等出租车。当一辆出租车停在他面前时，他看到这辆车干干净净、明亮照人。然后，他看到了司机，小伙子穿戴整齐，白衬衫、黑长裤、黑皮鞋，套上黑领带，英姿焕发，彬彬有礼。司机走下车，打开后座车门，用手挡住车门上框，请哈维上车。等哈维坐定后，他恭敬地递给哈维一张名片，说："我叫沃利，很高兴为你服务。名片上写有我的服务宗旨，在我为你把行李放进后备厢时，你可以看一看。"名片背面写着：“沃利的服务宗旨：用最快的速度，走最经济的路线，在一路友好的氛围中平安地将顾客送达目的地。”

哈维暗自惊叹，当看到车里面和车表面一样一尘不染时，他对这个司机更是刮目相看。沃利上了车，在方向盘前坐下，说：“要喝一杯咖啡吗？我的保温瓶里有热咖啡。”哈维没有想到他会如此周到，于是开玩笑地说：“咖啡就算了，不过如果有软饮料的话，不妨来一杯。”谁知，沃利立即笑着回答道：“行呀，我这里有可乐、矿泉水和橘子汁。”哈维惊讶得说话都有点结巴了：“那就、就、就来一杯可乐吧。”把可乐递给哈维后，沃利又说：“如果你想阅读的话，这里有《华尔街杂志》《华尔街时报》《体育画报》和《今日美国》。”车子启动后，沃利递给哈维一张纸。“这是电台的节目表，如果你想听哪一个频道，告诉我一声。”

他又补充说：“车上的空调温度可以按照顾客的要求进行调节。”然后，他提出了这个时段抵达目的地的最佳路线，请哈维定夺。他还告诉哈维，他可以介绍沿途的景色，也可以不说话让哈维安静，但这全凭哈维的选择。哈维问：“你是不是总是这样服务你的顾客？”沃利笑着看了一眼后视镜：“事实上，我只是近两年才这样做的。在此之前，我已经开了五年车，和许多别的出租车司机一样，也经常牢骚满腹、怨天尤人。但有一天，我看了一本书。书中说，如果你早晨起床，心中担心这一天会是糟糕的一天，结果多半就会如此。作者建议我们：‘不要抱怨自己运气不好，绝大部分的机会都是你自己争取来的。与其把精力花在抱怨和发牢骚上，还不如把心思花在工作上，只要认真去做，就能在竞争中脱颖而出！’

“这本书给了我很大的触动，我感到作者好像就是针对我这样的人而写的。我不能再像鸭子一样呱呱抱怨了，我要改变我的生活态度，像雄鹰一样高高地在蓝天上飞翔。我认真观察了那些喜欢抱怨的出租车司机，他们的车子大多很脏，他们的服务态度大多不很友好，顾客不是十分满意。我决定改变，多为顾客着想，竭诚为他们服务。”“我想你会得到回报的。”哈维说。“是的，”沃利自豪地答道，“第一年，我的收入就翻了一番。今年，将会增加得更多。今天，你很幸运，坐上了我的车，因为我现在一般不会空车，我的活儿不断，用过我车的顾客们，下次用车还会想到我，他们给我打电话或发短信预约。我不方便时，我会推荐那些服务同样周到的司机，我从中收取一定的中介费。”

如此站在顾客的角度周全考虑，怎么会得不到顾客的好感呢？怎么会得不到理解和赞同呢？怎么可能不让自己的收入倍增呢？

换位思考，不仅能够让我们得到别人的理解和支持，也有助于我们更好地了解别人，找到那个潜伏着的理由，同时也找到了顺利解决问题的钥匙。

在美国，一位母亲在圣诞节前夕带着5岁的儿子去买礼物。大街上回响着圣诞节的赞歌，橱窗里装饰着枞树彩灯，乔装的可爱小精灵载歌载舞，商店里五光十色的玩具应有尽有。“一个5岁的男孩将会以多么兴奋的目光观赏这绚丽的世界啊！”母亲毫不怀疑地想。然而，她没有想到，儿子却紧拽着她的衣角，呜呜地哭出声来。“怎么了？要是总哭个没完，圣诞精灵可就不到咱们这儿来啦！”母亲有些生气，语气中充满了严厉。“我，我的鞋带松了……”儿子怯怯地回答。

母亲不得不在人行道上蹲下身来，为儿子系好鞋带。母亲无意中抬起头来，啊，怎么会什么都没有?!——没有绚丽的彩灯，没有迷人的橱窗，没有圣诞礼物，也没有装饰丰富的餐桌……那些东西都放得太高了，孩子什么也看不见。落在孩子眼里的，只有粗大的脚印和妇人们低低的裙摆，在那里互相摩擦、碰撞，过来往去……对一个孩子而言，真是好恐怖的情景！

这是母亲第一次以5岁儿子的高度看世界。她感到震惊，立即把儿子抱起来，儿子开心地笑了起来：“妈妈，好漂亮的圣诞节啊！”从此，母亲发誓，今后再也不把以自己为基准理解的“快乐”强加给自己的儿子。“站在孩子的立场上”——母亲以自己亲身的体验认识了这一道理。

换位思考是与人相处的一个十分重要的技巧，也就是将自己置身于对方的立场和视角，去体验对方的内心感受，了解对方的确切需求，从而在彼此的心灵间架起一座畅通无阻的沟通桥梁。当你站在对方立场上的时候，自然也会以对手的目光观察自己，从而对自己多一份了解。

美国经济大萧条时期，有位18岁的姑娘好不容易才找到一份在高级珠宝店当售货员的工作，她在这里勤勤恳恳努力地工作着。

圣诞节的前十天，店里来了一个男子。他高个头、白皮肤，约30岁。他衣衫破旧，一脸的悲伤、愤怒、惶惑，不时用一种羡慕而又绝望的眼神盯着店里的那些高级首饰。

姑娘去接电话的时候，不小心把一个碟子碰翻，六枚精美绝伦的钻石戒指滚落到地上。她以近乎狂乱的速度弯腰捡回五枚戒指，但第六枚怎么也找不着。姑娘寻思它是滚落到橱窗的夹缝里，就跑过去细细搜寻。结果却没有！

这时，姑娘突然瞥见那位高个男子正向门口走去，顿时她意识到戒指在哪儿了。当男子的手就要触及门柄时，姑娘柔声叫道：“对不起，先生！”

他转过身来，漫长的一分钟，两人无言对视。姑娘在内心默默祈祷：“不管怎样，让我挽回我在商店里的未来吧。跌落戒指是很糟糕，但终会被忘却；要是丢掉一枚，那简直不敢想象！而此刻，我若表现得急躁——即使我判断正确——也终会使我所有美好的希望化为泡影。”

“什么事？”他问，脸上的肌肉在抽搐。

“先生，这是我第一份工作。现在找个事做很难，想必您也深有体会，是不是？”姑娘神色黯然地说。

男子长久地注视着她，终于，一丝十分柔和的微笑浮现在他脸上。

“是的，的确如此。”他回答，“但我能肯定，你在这里会干得不错。我可以为你祝福吗？”说完之后，男子向前一步，把手伸向姑娘。

“谢谢您的祝福！”姑娘立刻也伸出手，两只手紧紧握在了一起。姑娘用十分柔和的声音低声说，“也祝您好运！”

男子推开店门消失在浓雾里。

姑娘慢慢转过身，将手中的第六枚戒指放回了原处。

这里，没有批评，没有苛责，更没有咆哮。然而，姑娘却成功地要回了遗失的第六枚戒指。奥妙何在？

姑娘正是看到这位顾客是贫民，从他的角度考虑，他同样饱受失业和贫困的痛苦，能够理解自己的心情，于是运用自己的智慧取回了钻戒，获得了那位先生的赞赏和祝福。她用一颗宽容和仁慈的心去真诚对待他的错误行为。而那位先生，同样因其能站在对方的角度考虑，感受到姑娘为难的处境和焦急的心情，于是才勇敢承认了自己的错误，并向姑娘投以真诚的赞美，使一个错误及时得到纠正，而且还给人以美好的回忆。

正如教育家苏霍姆林斯基所说：“有时宽容引起的道德震动比惩罚更强烈。”这个姑娘的素质高！

不妨经常问一下自己：“如果我是他（她），会怎么样呢？”想想看，如果我处在我妻子的地位，我是否愿意以我这样的人为夫？如果我处在我孩子的地位，我是否为有我这样的父亲而骄傲？如果我处在我部下的地位，我是否为有我这样的上司而庆幸？当你进行这种角色转换的时候，就会惊奇地发现自己还有许多需要改进的地方。

战场上，知己知彼，可以百战百胜；社会交往中，也需要换位思考，才能知己知彼，从而获得人际交往的成功。

卡耐基有一次租用某家饭店的大礼堂来讲课。有一天，他突然接到通知，租金要增加三倍。卡耐基去与经理交涉，他说：“收到你的信，我有点吃惊，不过我不怪你。如果我是你，我也会那样做。你身为经理，有责任尽可能地使饭店获利。”

紧接着，卡耐基为他算了一笔账：“将礼堂用于办舞会、晚会，当然会获大利。但你撵走了我，也等于撵走了成千上万有文化的中层管理人员，而他们光顾贵饭店，是你花五千元也买不到的活广告。哪样更有利呢？”经理被他说服了。

第二天卡耐基收到一封信，通知他租金只涨50%，而不是300%。

在这里，卡耐基没有说一句他所要的，就得到这个减租的结果。卡耐基一直都是谈论对方所要的，以及他如何能得到他所要的。

假设卡耐基跟一般人一样，怒气冲冲地冲到经理办公室说：“你这是什么意思，明明知道我的入场券已经印好，通知已经发出，却要增加我三倍的租金，岂有此理！”那么情形会怎样呢？一场争论就会不可避免地展开…… 即使卡耐基能够使他相信他是错误的，他的自尊心也会使他很难屈服和让步。

美国汽车大王亨利·福特说过：“如果说成功有秘诀的话，就是了解对方的观点，并且从他的角度和你的角度来观察事情的那种才能。”

有一位年轻的主管讲述过这个技巧是多么有用：“我在一家服装商店担任经理助理时，负责向逾期不付款的客户发催收信件。他们原有的催收函内容措辞强硬，甚至带点恐吓的意味，使人不敢恭维。我一面看一面想：‘老天爷，假使有人寄这种信给我，我不发疯才怪！我绝对不付这笔钱。’所以我就写了会使人高高兴兴付账的信。结果真的很管用。我站在顾客的立场，居然就使我们的催收业绩达到破纪录的水平。”

陌生人是生活对你善良和爱心的考验

一个乌云密布的午后，由于瞬间的倾盆大雨，行人们纷纷进入就近的店铺躲雨。一位陌生的老妇也蹒跚地走进费城百货公司避雨。面对她略显狼狈的面容和简朴的装束，所有售货员都对她视而不见。

这时，一位年轻人诚恳地走过来对她说：“夫人，我能为您做点什么吗?”

老妇人莞尔一笑：“不用了，我在这儿躲会儿雨，马上走。”老妇人有些尴尬，觉得不买人家的东西却借用人家的屋檐躲雨，似乎不近情理。于是，她开始在百货店里转起来，哪怕买个头发上的小饰物呢，也算给自己的躲雨找个心安理得的理由。

正当她犹豫徘徊时，小伙子又走过来说：“夫人，您不必为难，我给您搬了一把椅子放在门口，您坐着休息就是了。”

这位年轻人也没有给她推销任何东西。

两个小时后，雨过天晴，老妇人向这位年轻人说了声谢谢，并向他要了一张名片，就颤巍巍地走出了商店。

几个月后，费城百货公司的总经理詹姆斯收到一封信，信中要求将这位年轻人派往苏格兰收取一份装潢整个城堡的订单，并让他承包自己家族所属的几个大公司下一季度办公用品的采购订单。

詹姆斯惊喜不已，草草一算，这一封信所带来的利益，相当于他们公司两年的利润总和。他在迅速与写信人取得联系后，方才知道，这封信出自一位老妇人之手，而这位老妇人正是美国亿万富翁“钢铁大王”卡内基的母亲。

詹姆斯马上把那位叫菲利的年轻人推荐到公司董事会上。

毫无疑问，当菲利飞往苏格兰时，他已经成为这家百货公司的合伙人了。那年，他 22 岁。随后的几年中，他成为卡内基的左膀右臂，事业扶摇直上、飞黄腾达，成为美国钢

铁行业仅次于卡内基的重量级人物。

这位年轻人是不是付出了很多的心血和劳动？不是。他只是比他旁边的人多付出了一些关心和礼貌，却得到了自己意想不到的回报。

也许你会觉得这样的机会是千载难逢的，纯属巧合，其实不然。很多时候，陌生人就是乔装而来的贵人，他在随时考验着你。就像菲利一样，因为他有一颗时刻为他人着想的爱心，他才会得到幸运之神的垂青。

如果你会说话，与陌生人一见如故也并不是一件难事。

亚里士多德说："因为双方都没有开口，很多友谊就这样失去了。"

"哦，天啊，她实在是太迷人了。从我第一眼看见她，就被她深深吸引。我决定娶她！"

求爱只是形式而已，但是该用什么话语来开始求爱的过程呢？

"来块口香糖吗？"似乎太低级。

"你好！"这样的招呼太缺乏创意了。

"我爱你，我的心热情似火！"好像太露骨。

"我想让你做我孩子的母亲。"听起来有些为时过早。

无言。没错，我什么都没有说。过了一会儿，汽车到了她的目的地。她下车走了，我就再也没有见到过她。故事结束。

这样的桥段，你是不是觉得很熟悉？

很多时候，它不只是出现在韩国的青春偶像剧中。

同陌生人攀谈，甚至一见如故，其实并非难事——如果你知道其中的方法的话。以下是一些比较有效的简单的策略。

首先，寻找那些可能愿意向你敞开心扉交谈的人。大多数人都喜欢有机会结识一些新的面孔。那些独自一人、没有事情忙的人，是你的首选。如果对方冲着你笑，不止一次地看着你，向你张开双臂或者交叉双腿，那表明对方对你比较感兴趣。对方如果是异性，他们还会以其他一些方式来吸引你的注意。比如梳头发、整理衣服、摩挲身上的某个部位或茶杯、椅子这样的物品，或者故意让你注意到他们在看你，让目光在你身上短暂的停留。

一旦选定了交谈的对象，下一步就是笑一笑，目光交流，然后开口说话。尽管很多人都努力寻找"完美"的开始，但研究表明你所说的话实际上并不重要。你所说的话不一定要非常有智慧或满含深意，通常的内容就行了。重要的是抓住机会和对方进行交流。如果对方感兴趣，他会透露出一些自由信息，这样就有助于你们找到共同的兴趣，谈一些更加个人的话题。

搭话的内容很简单，基本上有以下两种选择。

一是谈论环境。开始一段谈话，通常从谈论双方所处的环境开始。这不像谈论对方那样容易引起他人的担心，也比谈论自己更容易让对方参与进来。先看看四周，找出双方感兴趣或疑惑不解的事物。如果你身在团体之中，比如在课堂、工作地点，或者是特别兴趣小组，像车友会、户外俱乐部、相亲派对、摄影俱乐部、书法家协会……这是非常容易的事情。

如果在教室你可以说：“你认识这位老师吗？”“我昨天没来，都讲了些什么？”“你觉得考试会考些什么内容？”

如果在艺术博物馆你可以说：“你认为艺术家想传达什么样的意思？”

如果在车友会你可以说：“你觉得是空挡滑行还是带挡滑行省油？”

如果在候车室你可以说：“在这里可以看到人生百态。”

如果在聚会你可以说：“我们好像在哪里见过吧？”

如果在排队看电影你可以说：“看过广告宣传片，听说很好看。”“我是冲着李连杰才来看这部影片的。”

如果在超市你可以说：“我发现你在买白果。我这人就是好奇心重，你准备怎样烹调？”

如果在自助洗衣店你可以说：“麻烦问一下，洗衣粉从哪里放进去？”

二是谈论对方。大多数人喜欢谈论自己，他们会高兴地回答你的问题或者响应你的意见。在开口之前，观察一下对方的衣着、在做什么、在说什么、在读什么，想一些你想进一步了解的内容。例如：

“嗨，你看上去很可爱，很想跟你认识一下。”

“你的发型很新潮。”

“我发现你脖子上的项链很特别，它是祖传的吗？”

“在这里你的舞蹈是最棒的。你都参加过什么训练？”

“你也喜欢看某某写的小说？我有她所有的作品，很好看。”

“你看上去一副失落的样子。我能帮上忙吗？”

天涯何处无朋友，相谈何必曾相识

尽管在孤独的人中间比较常见，但是谈论自己的做法往往很难引起对方的谈话兴趣。戴尔·卡耐基曾经注意到，陌生人往往更喜欢谈论他们自己，而不是对方。不过，应该没有人会拒绝这句风趣的开场白：“嗨，我叫王宁，你觉得我这个人怎么样？”

1. 攀亲认友

“听口音你像客家人，我们是老乡！”“我和你姐姐是同学。”“我是你父亲的同事。”

这种“攀亲认友”的开场白很实用，能一下子缩短双方之间的心理距离，使对方产生一定程度的亲切感。

三国时代的鲁肃就是攀亲认友的能手。他跟诸葛亮初次见面时的第一句话是：“我，子瑜友也。”子瑜，就是诸葛亮的哥哥诸葛瑾，他是鲁肃的挚友。短短的一句话就使交谈双方心心相印，为孙权跟刘备结盟抗击曹操打下了基础。

有时，对异国初识者也可采用这种方式。

1984 年 4 月，美国总统里根访问上海复旦大学。在一间大教室内，里根总统面对一百多位初次见面的复旦学生，他的开场白就紧紧抓住了听众的心：“其实，我和你们学校有着密切的关系。你们的谢希德校长同我的夫人南希，是美国史密斯学院的校友呢。照此看来，我和各位自然也都是朋友了！”此话一出，全场报以热烈的掌声。短短几句话便打开了与听众交流的通道，不仅消除了两国之间的隔阂，还增加了彼此间的友好，这段开场白可真妙啊！

下面看一个真实的故事：

在一家旅馆，一个旅客正悠闲地躺在床上欣赏电视节目，一个刚到达的先生放下旅行包，稍拭风尘，冲一杯浓茶，开始研究那位看电视的旅客。

先生说：“你好，来了很长时间了吧？”

旅客回答：“刚到一会儿呢。”

先生：“听口音您不是苏北人啊？”

旅客：“噢，我是山东枣庄人！”

先生：“噢，枣庄，好地方啊！读小学时，我就在连环画《铁道游击队》中知道了。几年前去了一趟枣庄，还颇有兴致地玩了一遭呢。”

接着两个人就谈了起来，那亲热劲儿，不知底细的人恐怕还以为他們是一道来的呢。接着就是互赠名片，一起进餐，睡觉前双方居然还在各自带来的合同上签了字：枣庄客人订了苏南先生造纸厂的一批产品，苏南先生从枣庄客人那里弄到一批价格比较合理的议价煤。他们的相识、交谈与合作成功，就在于他们找到了“枣庄”“铁道游击队”的共同话题。

2. 扬长避短

因为面子问题，人们都喜欢别人赞美自己的长处。那么，跟初识者交谈时，应投其所好，以直接或间接的方式赞扬对方的长处作为开场白，就能使对方高兴，继而对你产生好感，交谈的积极性也就得到极大激发。反之，如果有意或无意地触及对方的短处，对方的自尊心受到伤害，交谈的效果就可想而知了。

宋小姐是一家房地产公司总裁的公关助理，奉命请一位特别著名的景观设计师为本公司的一个大型园林项目做设计顾问。但这位设计师已退休在家多年，且此人性情清高孤傲，一般人很难请得动他。

为了博得老设计师的欢心，宋小姐事先做了一番调查，她了解到老设计师平时喜欢作画，便花了几天时间读了几本中国美术方面的书籍。她来到老设计师家中，刚开始，老设计师对她态度很冷淡，宋小姐就装作不经意地发现老设计师的画案上放着一幅刚画完的国画，便边欣赏边赞叹道：“老先生的这幅丹青，景象新奇，意境宏深，真是好画啊！”一番话使老先生升腾起愉悦感和自豪感。

接着，宋小姐又说：“老先生，您研习的是清代山水名家石涛的风格吧?”这样，就进一步激发了老设计师的谈话兴趣。果然，他的态度转变了，话也多了起来。接着，宋小姐对所谈话题着意挖掘，环环相扣，使两人的感情越来越近。终于，宋小姐说服了老设计师，出任其公司的设计顾问。

3. 添趣助兴

用风趣活泼的三言两语扫除跟初识者交谈时的拘束感和防卫心理，以活跃气氛，增添对方的交谈兴致，如果能做到这点，那么他的交际艺术就炉火纯青了。

1988 年 10 月，“文化大革命”中的风云人物陈伯达刑满释放不久，著名作家叶永烈即去采访他。陈伯达曾是中共中央政治局常委，他本来就很少接受记者采访，尤其是经过多年监狱生活，巴不得有一个安静的晚年，而且他极不愿意谈及那段不堪的历史。因此他明确表示：“公安部提审我，我作为犯人，不能不答复提问。对于采访，我可以不接待，不答复。”此外，还有一个特殊的困难，陈伯达是福建人，他的普通话极为蹩脚，一般人难以听懂。

预知到采访的双重困难，叶永烈做足了各项准备工作。

叶永烈首先查阅了陈伯达的有关材料，及他本人众多的著作。其次，叶永烈没有“直取”陈伯达，而是先打“外围战”。专程到北京采访了陈伯达身边几位较为亲密的人物。比如，他的前后几位秘书、老同事、子女、警卫员等。有了充分的把握后，他决定与陈伯达直接交谈。

叶永烈一进门，便营造一个轻松愉快的氛围，试图让采访对象打开话匣子。他说：

“陈老，我早在 1958 年就见过你！”

“哦，1958 年，在什么地方？”陈伯达用一口浓重的闽南话说道。

“在北京大学。”

于是，两人谈起了往事：1958 年 5 月 4 日，正逢北京大学 60 周年校庆，陈伯达到北京大学做报告。当时，作为北大一名学子的叶永烈坐在台下听了他的长篇报告。

“当时您带来一个‘翻译’，把您的闽南话译成普通话。我平生还是头一回遇上中国人向中国人做报告，要带‘翻译’！”

多么有趣的往事，多么风趣的语言！陈伯达一听，哈哈大笑，感到面前的这位不速之客很亲近，气氛一下子变得轻松起来。真是“柳暗花明又一村”，原先尴尬的采访顺利进行下去，为叶永烈 45 万字的《陈伯达传》平添了不少素材。

天涯何处无朋友，交谈何必曾相识？要用三言两语便惹人喜爱、一见如故，关键是把工夫花在见面交谈之前。上述各例的成功，除了有高超的语言技巧，无一不是未见其人，先闻其事。美国前总统富兰克林·罗斯福跟任何一位来访者交谈，不管是牧童还是教授，不管是经理还是政客，他都能用三言两语赢得对方的好感。其秘诀就是：罗斯福在接见来访者的前一晚，必花一定时间了解来访者的基本情况，特别是来访者最感兴趣的题目。这样，一交谈就能有的放矢，切中肯綮。不然，纵使有三寸不烂之舌，也只能是对“牛”弹琴了。

既然不当讲，那就不要说了

见到一个长得很丑陋的人，3 岁的孩子说他真丑，这叫说真话；13 岁的人说同样的话，叫作不懂事；23 岁的人如果这么说，则是没修养。

所谓“诚实”，诚在先，实在后，诚是善意和尊重。实话实说只是一种勇气，说话不伤人是一种智慧和能力，需要不断修炼。

有这样一个故事：

从前，有一个爱说大实话的人，什么事情他都照实说，所以，不管他到哪儿，都成为不受欢迎之人，总是被人赶走。这样，他变得一贫如洗，无处栖身。

最后，他来到一座修道院，指望着能被收容进去。修道院院长见过他问明了原因以后，认为应该尊重那些热爱真理、说实话的人。于是，把他留在修道院里安顿下来。

修道院里有几头牲口已经不中用了，院长想把它们卖掉，可是他不敢随便派手下人到集市去卖牲口，怕他们中饱私囊，便叫这个人把两头驴和一头骡子牵到集市上去卖。

当有买主向前询问，这人便实话实说：“尾巴断了的这头驴很懒，喜欢躺在稀泥里。有一次，长工们想把它从泥里拽起来，一用劲，拽断了尾巴；这头秃驴特别倔，一步路也不想走，他们就抽它，因为抽得太多，毛都秃了；这头骡子呢，是又老又瘸。如果干得了活儿，修道院院长干吗要把它们卖掉啊?”

结果买主们听了这些话就走了。这些话在集市上一传开，谁也不来买这些牲口了。于是，这人到晚上又把它们赶回了修道院。

修道院院长发着火对这人说：“朋友，那些把你赶走的人是对的。不应该留你这样的人！我虽然喜欢实话，可是，我却不喜欢那些跟我的腰包作对的实话！所以，老兄，你滚开吧，你爱上哪儿就上哪儿去吧！”就这样，这人又从修道院里被赶走了。

故事中主人公的遭遇，现实生活中也不乏类似的例子。

圣诞节，学校举行庆祝大会，老师一边分糖果、蛋糕，一边说："看啊，小朋友们，圣诞老人给你们带来什么礼物？"凯蒂马上站起来，严肃地说："世界上根本没有圣诞老人。"老师虽然很生气，但还是压住心中的怒火，改口说："相信圣诞老人的乖女孩才能得到糖果。"凯蒂回答："我才不稀罕糖果。"老师勃然大怒，处罚凯蒂坐到前面的地板上。

有一位证券公司的高级主管对我说，他最不能忍耐的就是，他的太太有意无意地泼他冷水。当他打电话跟太太说，今晚不能回家吃饭，因为公司全体同人决定要一起为他庆祝四十岁生日。他这位曾是他大学同班同学的妻子，马上嗤之以鼻地说："哦，你何德何能，为什么人家要帮你庆生？"一句话使他满腔热情结成冰，心想："早知你这么刻薄，下次不回家吃饭，我就不告诉你。"

其实，他太太说的话并不表示瞧不起他，也许是有点"酸葡萄"心理，或只是单纯的"不会说话"。被人指责"不会说话"的人，通常很少认为那是自己的短处，反而会沾沾自喜地认为自己很"直"，暗暗以为是优点，如此一来，改进的可能性就很低。

爱情本身就很容易因年久失修而变质，这样的态度，只会让彼此的关系很快如履薄冰。结果只能是，要么把冷水泼回去，要么保持沉默，警告自己不再将自己快乐或得意的事告知另一半。最后，恩爱渐行渐远，夫妻关系降至冰点。

同事之间亦然。直率的语言犹如一把锋利的双刃剑，在伤害别人的同时，也会刺伤自己。

在公司的一次集会中，李萍看到一位女同事穿了一件紧身的新装，与她的丰腴身材很不相称，李萍实事求是地来一句："说实话，你的这件衣服虽然很漂亮，但穿在你身上就像给水桶包上了艳丽的布，因为你实在太胖了！"

女同事瞪了李萍一眼，生气地走开了，让周围大赞"漂亮""合适"的其他同事也很是尴尬。久而久之，同事们把她排除在集体之外，很少就某件事儿去征求她的意见，李萍成了不折不扣的孤家寡人。

央视曾经的名牌栏目《实话实说》原主持人崔永元曾经说，现在世道变了，“文字狱”时代已成往事，说真话已不会闯下大祸，但“说实话免遭迫害，可不定能免遭伤害”。节目开播以来，请过几百位座上客来侃侃而谈，结果呢？一位座上客因此评不上职称，原因是“喜欢抛头露面不钻研业务”；另一位是研究所副所长人选，因做节目耽误了前程，理由是“节目中的观点证明此人世界观有问题”。一报社记者参加的节目一经播出，立刻感到人言可畏，人们说他出风头，什么都敢说，恶心。另一电台记者回去后被领导审查，认为他一定是拿了许多钱才会那么说。还有一位老年女性在节目中真诚表露了自己的人生感受，结果好多人打听她是不是有精神病……

崔永元苦恼地说：“所以连我们自己有时都怀疑，节目到底能做多久？”他也体会到了“人生唯有说实话是第一难事”。

古时候，有一个县令很喜欢附庸风雅，尽管画技很差，却总喜欢卖弄。他画的虎不像虎，反而像猫。可偏有一个习惯，每当完成一幅作品，都爱在厅堂内展出示众，让手下的差人评论，而且只能赞扬，不能批评，谁要说实话就会遭受惩罚，轻则挨打，重则革职。

后来，衙门来了一个年轻的差役，脑子聪明，能说会道，伙伴们便鼓励他在县令面前说一回实话，让县令老爷知道自己画的虎实在不像虎而像一只猫。

一天，县令又完成了一幅“虎”画，悬挂厅堂，召集全体衙役来欣赏。差役们两厢站立，县令扬扬自得，对他们说：“各位瞧瞧，本官画的虎如何？”

众人低头不语。县官见无人附和，一眼盯上了那位新来的衙役，举手指他：“你，来说说看。”

“老爷，我有点怕。”新来的差役胆战心惊地说。

“哎，怕什么？有老爷我在此，什么也别怕。”

差役又说：“老爷，别说我怕，其实你也怕。”

“什么？我也怕？那是什么，快说！”

“怕天子。老爷，你是天子之臣，当然怕天子呀！”

“唔，”县令语塞，“对，老爷怕天子，可天子就什么也不怕了。”县令又自得起来。

“不，天子怕天！”差役一本正经。

“天子是天老爷的儿子，怕天，有道理。好！天老爷又怕什么？”县官顿时来了兴致。

“怕云，云会遮天。”差役胸有成竹。

“云又怕什么？”

“怕风。”

“风又怕什么？”

“怕墙。”

“墙怕什么？”

“墙怕老鼠。老鼠会打洞。”

“唔，对对对，老鼠打洞，毁了墙，有道理。”县令开始欣赏这位差役的机智和口才了。于是他接着问道：

“那么，老鼠又怕什么呢？”

新来的衙役手指向厅堂的前面：“老鼠最怕它！”

顺着差役指的方向望去，正是县太爷的新作。县令的脸唰的一下红了，厅堂内众差役也忍不住哧哧笑起来。

上述故事中，新差役善用“曲线法”来道出实情。面对彼情彼境，他没有直接说出县太爷画的“虎”像猫，而是从容周旋，借题发挥，在绕了一个大弯子之后不知不觉回到正题，从而委婉地达到批评的目的。他对付不宜直言的话题之手段实在是高明。

同理，我们见到体重超标的人，不要说胖，只说富态或圆润就可以了；瘦可以说成苗条或骨感美；秃顶可以说是聪明；形容苍老可以说有内涵；形容人丑可以说长得幽默，等等。

第二章 没有技巧的说话不叫说话

要想说服对方，就要采用欲擒故纵的手段，诱导对方进入圈套。『擒』是目的，『纵』是手段，手段是为目的服务的。因此，纵不是放虎归山，而是有一定目的的放松一步，以防狗急跳墙，垂死挣扎或反扑。

欲擒故纵是永不过时的战术

清朝时，某人到县衙控告有人偷了他的鸡。县令传来他的左邻右舍审讯，没有一个人承认。县令叫他们靠边跪着，不理睬他们，继续审理别的案子。过了许久，又装着疲惫的样子，说道："本官累了，你们暂且先回去。"

众人都站起来，转身向堂外走去。县令突然勃然大怒，拍案喝道："偷鸡贼也胆敢走啊？"

那偷鸡的人不由自主地颤抖着双腿，屈膝跪了下来。一经审讯，他只得从实招来，对自己的盗窃行为供认不讳。

这是典型的欲擒故纵法。县令的"故纵"是为了让对手精神上放松警惕，然后在对手毫无防备的情况下突然出招，手到擒来。

无独有偶，有个聪明的法官也是以类似的方法查明了事实的真相。

一次，甲、乙两个争讼者来见法官。甲说乙欠他许多黄金，乙不承认，坚持说："我是第一次见他，从来没有同他共事过。"

"你要他还的黄金，当时是在什么地方借给他的？"法官问甲。

"在离城三里远的一棵树下。"

"那你再去一趟，把那棵树上的叶子带两片回来，我要把它们当见证人审问一下，树叶会告诉我真情的。"法官提出了这样一个荒诞的建议。

于是，甲去摘树叶了，喊冤枉的乙则留在法庭上。法官没有和他谈话而是去审理别的案子。乙作为旁观者津津有味地看着法官审案，正当案子审理到高潮时，法官突然回头向他轻轻问道：

"他现在走到那棵树下没有？"

"依我看，没有，还有一段路呢。"

"好吧，既然你说没跟他一起去过那儿，你怎么会知道还有一段路呢?”法官严肃起来。

乙顿时惊慌失措,才意识到说漏了嘴,不得不承认自己诈骗。

法官在制伏诈骗犯的过程中,并不是直接追问乙是不是欠甲的黄金,也不问乙是否知道甲所说的那棵树,而是在乙观看审案进入高潮聚精会神、戒备完全解除时,用看来轻描淡写的一问,便使乙在没有思想准备的情况下说出了真话,顺利地达到了将诈骗犯制伏的目的。

要想说服对方,就要采用欲擒故纵的手段,诱导对方进入圈套。“擒”是目的,“纵”是手段,手段是为目的服务的。因此,纵不是放虎归山,而是有一定目的的放松一步,以防狗急跳墙,垂死挣扎或反扑。

西晋末年,幽州都督王浚企图谋反篡位。晋朝名将石勒闻讯后,打算消灭王浚的部队。王浚势力强大,石勒恐一时难以取胜,他决定采用“欲擒故纵”之计,麻痹王浚。他派门客王子春带了大量珍珠宝物,敬献王浚,并写信向王浚表示愿意拥戴他为天子。信中说,现在社稷衰败,中原无主,只有你威震天下,有资格称帝。王子春又在一旁添油加醋,说得王浚心里喜滋滋的,信以为真。正在这时,王浚有个部下名叫游统,伺机谋叛王浚。游统想找石勒做靠山,石勒却杀了游统,将游统首级献给王浚。这一招,使王浚对石勒绝对放心了。

公元314年,石勒探听到幽州遭受水灾,老百姓没有粮食,王浚不顾百姓生死,苛捐杂税有增无减,民怨沸腾,军心浮动。石勒亲自率领部队攻打幽州。这年4月,石勒的部队到了幽州城,王浚还蒙在鼓里,以为石勒来拥戴他称帝,根本没有准备应战。等到他突然被石勒军将士捉拿时,才如梦初醒。王浚中了石勒“欲擒故纵”之计,身首异处,美梦成了泡影。

有位心理学家写了一本《趣味心理学》,他为了让读者尽快了解书中第八章第五节的内容,以期引起读者的兴趣,把整本书读完,就在书的前言中写道:“请不要阅读第八章第五节的内容。”结果大多数读者真的不先看前面的章节,而首先翻看第八章第五节的内容。这位作家就是运用了欲擒故纵的方法达到了目的。

说话时采取欲擒故纵的方法，先放后收，常能出奇制胜。这一纵一擒，就像一股奇兵，使交谈的对象在放松戒备中上当，最终无可奈何地服输。

与人交谈，有时就是一个说服人的过程，说服别人要有耐心，更要有方法和技巧。有时候，当你明知道自己的要求会遭到拒绝时，不妨采用欲擒故纵的方法，先说一些与要求无关的事，然后再相机行事，与对方巧妙周旋，最终让对方满足你的要求。

一次，著名足球评论员黄健翔采访荷兰球星古力特，但此人一般很少接受外国记者的采访，那么，黄健翔又是如何说服对方接受自己的采访的呢？请看两人下面的对话：

黄：您好，我是中国中央电视台的记者。

古：对不起，我不接受记者的采访。

黄：您误会了，我不是想采访您。

古：那么，你要做什么？

黄：我只是想向您送上祝福，您看我手中这摞信，都是喜欢您的球迷写给您的，这些信只表达了一个意思，就是向您送上祝福。

古：中国球迷真让我感动。

黄：那么，我能不能代表中国球迷向您问几个问题？

古：当然可以。

黄健翔聪明地“迂回”，绕开了对方不愿触及的话题，以自己的诚恳争取到和对方说话的机会，打动对方，转过了山路十八道弯，再回到起点，顺利地达到了自己的目的。

商场如战场，“退一步，进两步”，以退为进是谈判桌上常用的一个制胜策略和技巧。

有一年，在比利时某画廊发生了这样一件事：

美国画商看中了印度人带来的三幅画，标价为 250 美元，画商不愿出此价钱，于是唇枪舌剑，谁也不肯让步，谈判陷入了僵局。那位印度人恼火了，怒气冲冲地当着美国人的面把其中一幅画烧了。美国人很是吃惊，他从来没有遇到过这样的对手，对烧掉的那幅画又惋惜又心痛。于是美国人小心翼翼地问印度人剩下的两幅画愿卖多少钱，回答还是250美元。美国画商觉得太亏了，少了一幅画还要250美元，于是强忍着怨气还是拒绝，只是要求少一点价钱。

那位印度人不理他这一套，怒气冲冲地又烧掉了一幅画。这回，美国画商可真是大惊失色，只好乞求他千万别再烧最后一幅。当他再次询问这位印度人愿卖多少钱时，回答如初。这回画商急了，问："最后一幅画与三幅画怎么能一样价钱呢？你这不是存心戏弄人吗？"

这位印度人回答：这三幅画都出自于知名画家之手，本来有三幅的时候，相对来说价值小点儿。如今，只剩下一幅，可以说是绝宝，它的价值已经大大超过了三幅画都在的时候。因此，现在我告诉你，这幅画250美元不卖，如果你想买，最低得出价600美元。

听完后，美国画商一脸的苦相，没办法，最后以600美元的价格拍板成交。

那个时候的画都在100至150美元之间。而印度人这幅画却能卖得如此之高的价钱，原因何在？首先，他烧掉两幅画以吸引那位美国人，便是采用了"以退为进"的策略，因为他"有恃无恐"，他知道自己出售的三幅画都是出自名家之手。烧掉了两幅，只剩下最后一幅画，正是"物以稀为贵"。这位印度人还了解到这个美国人有个习惯，喜欢收藏古董名画，只要他爱上这幅画，是不肯轻易放弃的，宁肯出高价也要收买珍藏。聪明的印度人施展这招果然很灵，一笔成功的生意唾手而得。

当然，要想成功地采用"以退为进"的策略，必须有一定的后备，把握好分寸，不打无准备之仗。心中没有十分的把握而轻易使用此计，难免弄巧成拙。如果那位印度人不了解美国人喜爱古董的习惯，不能肯定他一定会买下那最后一幅画而去烧掉前两幅，最后美国人没有买那幅画，印度人可就是"赔了夫人又折兵"，追悔莫及喽。

2007年12月，王石的一句"我承认房地产市场到了拐点"引发拐点之争。随后，王石继续建议大家"三四年内不要买房"，因为"现在的房子性价比不高，肯定没有三四年以后的好"，同时还告诫年轻人"没有定型、四十岁之前，不要急于买房子"。卖房子的建议大家不要买房子，这事儿就怪了。

随后，万科在全国范围内掀起了一阵强烈的降价风暴，深圳、广州、成都、上海、北京，万科旗下楼盘价格齐声喊跌，打折优惠降价成风。

2008 年第一季度万科实现销售面积 114. 5 万平方米，销售金额 101 亿元。这个数据证明，老王策划的这出“欲擒故纵”的好戏非常精彩。

“骂人”也是有技巧的

在现实生活中，人与人之间的交往并非全都是友好的，有时会遭遇敌意，使两人相处得很尴尬。此时可以依靠不动声色、貌似温和，实际上却绵里藏针的方式达到最佳目的，让人感到尖利而不会正面冲撞，辛辣而不会刺刀见红。

德国诗人海涅是个犹太人，常常遭到无礼的攻击。一次晚会上，一个旅行家对他说：“我发现了一个岛，这个岛上居然没有犹太人和驴子！”海涅白了他一眼，不动声色地说：“看来，只有你我一起去那个岛上，才会弥补这个缺陷。”

针对不怀好意之人，仅有反击是不够的。刺刀见红的反击比不上智慧的幽默带来的讽刺。

《世说新语·言语》中记载孔融 10 岁时随父亲到洛阳一个名人家去。他应对自如，主人及来宾均甚惊奇。有一位名叫陈韪的人，他不以为然地讥笑道：“小时了了，大未必佳。”意思是说，即使小时候聪明，长大了不见得有多好。孔融当即反问：“想君小时，必定了了。”（看来您小时候一定很聪明。）陈韪听了这话，羞得满脸通红。

这里，小孔融利用对方的语言逻辑，短短时间内迅速完成了由受攻者到进攻者的角色转变，其聪慧实在令人称道。

加贺千代女是日本江户时代很出名的女艺人。有一天，一位贵族请她前去表演。府中的女佣人一看到大名鼎鼎的加贺千代女竟然是个长相丑陋的女人时，就讥笑起来："我还以为今天能看到大美人呢，没想到却是个丑八怪！你能成为有名的艺人可真够奇怪的。早知道这样，我也不用去厨房干活，直接到台上卖卖丑还能出名呢！""虽有一抱之粗，但柳树仍是柳树。"千代女微笑着回敬道。柳树再丑，但仍旧可做"材"用；狗尾巴草再美，却只能成为烧火的"柴"，永远也摆脱不了"离离原上草"的命运。

在这里，千代女巧妙地运用幽默的语言艺术，摆脱了尴尬的场面。尽管她的语气是温和的，但这种温和之中却蕴涵着强硬的批评和嘲笑，让对方自惭形秽，恼羞成怒，却又不便发作。

美国代表团访华时，曾有一名官员当着周总理的面说："中国人很喜欢低着头走路，而我们美国人却总是抬着头走路。"此话一出，语惊四座。周总理不慌不忙，面带微笑地说："这并不奇怪。因为我们中国人喜欢走上坡路，而你们美国人喜欢走下坡路。"

美国官员的话里显然包含着对中国人的极大侮辱。在场的中国工作人员都十分气愤，但囿于外交场合难以强烈斥责对方的无礼。如果忍气吞声，听任对方羞辱，那么国威何在？周总理的回答让美国人领教了什么叫柔中带刚，最终尴尬、窘迫的是美国人自己。

你走过的最长的路，就是我的套路

传说在云南边境的少数民族中，有位聪明灵活、口齿伶俐的姑娘，什么问题都难不到她。

一天，有个地主想了个歪点子，准备难倒巧嘴姑娘。他把姑娘叫来，还让人牵来一匹马，自己骑在马上，一脚踩着马镫，身子向上一挺，问道："你说我是上马，还是下马?"这意思很清楚：如果说他上马，他就下马；如果说他下马，他就上马。无论说他上马还是下马，都不对。周围的人面面相觑，都为巧嘴姑娘捏一把汗。谁知巧嘴姑娘镇定自若，不做正面回答，而是信步走到门前，伸出一只脚踩在门槛上，另一只脚踩在门外，反问地主："你说我是进门，还是出门?"原先扬扬得意的地主一听，无法回答，顿时像泄了气的皮球，只好悻悻离去。

在论辩中，对方的观点要是貌似有理实为荒谬时，可模拟同样的问题作为许诺解答的前提，只要对方能解答，自己一定能解答。这种口语技巧称为"请君入瓮"法，来源于唐代酷吏"来俊臣以周兴之道，还治周兴之身"的典故。

当年在女皇武则天掌管政权的时候，采取了一系列高压政策来镇压反对她的人。其间，她任用了一批酷吏，其中周兴和来俊臣是最为有名也是最为狠毒的两个人。

一天，有人告发周兴谋反，武则天勃然大怒，责令来俊臣立即秘密查办此事，并限定了期限。来俊臣感到很为难，因他跟周兴一向交好。他冥思苦想，终于想出一条妙计。

来俊臣假意请周兴喝酒，两人边划拳边喝酒，很是尽兴。酒过三巡，来俊臣见时机已到，故意叹了口气，说："唉，最近我遇到一个难缠的犯人，死不认罪，请教老兄，有何新绝招?"

周兴向来对刑具颇有研究，得意地说："这还不好办?"

来俊臣立即装作很关切地说："哦？快说。"

周兴诡秘地说："用一个大瓮，四周用炭火烤热，把犯人装进去，再顽固不化的犯人，也受不了这个滋味。"

来俊臣连连点头称是，随即命人抬来一口大瓮，四面加火。突然站起来，脸一沉，对周兴说："奉皇命审问老兄，请君入瓮。"周兴吓得浑身发抖，赶忙磕头认罪。

后人就沿用“请君入瓮”来指设好圈套等别人来钻。其好处就在于它无须做严密的推理。《伊索寓言》中有这样一句话说得好：“遇谎言说得过于离题时，你如果想用论证来破其谬见，那未免太郑重其事了。”

法国寓言家拉封丹习惯每天吃一个土豆。

有一天，他把土豆放在餐厅的壁炉里，想热一下再吃，等他回头去拿的时候，土豆却不翼而飞了。于是他大喊：“我的上帝，谁把我的土豆吃了？”

他的佣人匆匆走来，“此地无银三百两”地说：“不是我。”

“那就太好了！”

“先生为什么这样说？”

“因为我在土豆上放了砒霜，想用它毒老鼠。”

用人顿时面如土色：“啊，上帝！我中毒了！”

拉封丹笑了：“放心吧，我不过是想让你说真话罢了！”

如果拉封丹真的在土豆里放了砒霜，那这个故事就不好笑了。这个故事的幽默之处在于拉封丹运用了故弄玄虚、请君入瓮的方法，诱使佣人说出真话，承认错误。

在日常生活中，这种艺术使幽默更加显露出它固有的机智与思辨色彩。由于这个原因，在生活中的舌战场合，这种巧设圈套的幽默技巧也被广泛地应用。

一考生骑驴赴京赶考。路上问一个放牲口的老汉：“哎，老头儿！这儿离京城还有多远？”

老汉看他穿戴得倒是挺像样，问路却不下驴，说话还没礼貌。老汉心想：这算什么书生！老汉本来不想理他，可又想教训他一下，就答道：“京城离这儿180亩。”

书生感到好笑：“喂牲口的，路程都讲‘里’，哪有论‘亩’的？”

老汉冷笑道：“我们老一辈的人都讲里（礼），现在的后生娃没有教养，不讲里（礼）！”

书生脸一沉，说：“你这个老东西，怎么拐着弯骂人呢？”

老汉说：“喂牲口的老东西本来不会骂人。只是今天心里不痛快，我养的一头母驴，它不生驴崽，偏偏生下了个牛犊。”

书生莫名其妙：“你这个人真是稀里糊涂的，生来就该喂牲口。天下的驴子哪有下牛犊的道理？”

老汉还是耐心指教书生说：“是呀，这畜生真不懂道理，谁晓得它为啥不肯下驴咧。”

书生终于听懂了话中之意，面红耳赤，没有作答就扬鞭绝尘而去。

故事中的老汉通过曲折的暗示，故弄玄虚，吸引对方思绪，诱使对方上当，是请君入瓮法运用的典范。

有一次，老林到菜市场买鱼。他走到一家鲜鱼摊前，看到摆的鱼虽不少，但都不是很新鲜。老林提起一条鱼放在鼻子前闻了一下，果然有一股腥臭味。摊主见状，非常不高兴地问道：“哎，你这是干什么？我的鱼是刚刚打上来的。”

老林并没有和摊主争辩，也没有揭穿他的谎言，而是顺口说了句：“我刚刚是和这条鱼说话呢！”

“嗯？”摊主觉得老林这话挺有意思，不禁来了兴致，想刁难老林一番。他说：“那你和鱼说些什么话呢？”

老林说：“其实也没什么，我想到河里游泳，所以向那条鱼打听一下现在的水究竟凉不凉。”

“那鱼怎么说呢？”摊主已经笑得上气不接下气了，周围也已经聚集了一些围观的人。

鱼对我说：“很抱歉，我不能告诉你。因为我离开河已经好多天了。”老林淡淡地说。围观的人哄然大笑，摊主脸上的笑容却早就不见了。

老林对鱼的新鲜程度有了怀疑，他并不是直接向鱼摊主说出，因为那样可能直接招致摊主的否认和回击，起不了任何作用。于是，他妙用拐弯抹角幽默术，把话题扯远，再一步步回到正题上，以问鱼这样一个荒谬的情景来化解摊主的戒备情绪，并一步步诱使摊主进入自己的圈套，表达出了“鱼根本不新鲜”的意思。老林正是运用了“请君入瓮”的技巧，使鱼摊主在整个过程中都被老林牵着鼻子走，完全陷入一种被动的状态中。

嘉嘉有两门功课考了不及格的分数，他回到家对爸爸说：“爸爸，当别人心里难受的时候，是不是不应该再给他肉体或精神上的刺激。”

爸爸回答说：“那当然。”

嘉嘉马上说：“我这次考试，有两门功课没及格，我现在很难受。”

爸爸哑口无言。

嘉嘉真是狡猾，为避免父亲责骂自己，他巧言设计了一个圈套，待父亲钻进套中后，方才言归正传。父亲如责怪嘉嘉，那么无疑要推翻自己的论断，势必会影响自己的威信。父亲当然不会这么做，这就是嘉嘉的用意，真是既可爱又可笑。

会说话，死的也能说活。

纪晓岚是清代有名的大才子，多年随侍乾隆左右，深得乾隆赏识。一日风和日丽，乾隆与纪晓岚游于园林之中，乾隆心情愉快，便想开个玩笑为难身边的才子。

乾隆说：“纪爱卿，忠孝二字怎么解释啊？”

纪晓岚答：“君要臣死，臣不得不死，为忠；父要子亡，子不得不亡，为孝。”

闻言，乾隆神秘一笑，随即再问：“纪爱卿自以为是个忠臣吗？”

“是。”

“很好。朕以君的身份命你现在去死！”

“这……臣领旨！”纪晓岚在短暂的迟疑后，只得遵旨。

“你打算怎么个死法？”

“跳河。”

“好，去吧。”乾隆当然知道纪晓岚不可能真的去投河自尽，于是静观其变，等着看下面的好戏。

果然，不到一炷香的工夫，纪晓岚就跑回来了。

乾隆笑道：“纪爱卿何以未死？”

纪晓岚答：“臣刚才碰到了屈原，他不让我死。”

“哦，此话怎讲？”

纪晓岚煞有介事地讲道：“我去到河边，正要往下跳时，屈原从水里出来，拍着我的肩膀说：‘晓岚，你此举大错矣！想当年楚王昏庸无能，天下无道，我才被迫怀沙自沉；可如今皇上圣明，海晏河清，你再投河岂不有伤圣德？你应该回去先问问当今皇上是不是昏君，如果皇上说是，你再死也不迟啊！’”

乾隆听了，哈哈大笑，连连称赞道：“好一个如簧之舌。行了，行了，朕算服了。”

纪晓岚先是假戏真做，后借世人景仰的屈原之口道出自己不死之由，从而巧妙脱困，并使龙颜大悦。思维敏捷、妙语生花，其“死而复生”自是一种必然了。

下述郑涉的故事与纪晓岚的应变有异曲同工之妙。

唐德宗建中年间，刘玄佐因军功升任汴宋节度使。一天，他因为听信谗言，大发雷霆，要把属下大将翟行恭杀掉。左右都知翟行恭冤枉，但迫于刘玄佐的威势，均不敢替他申辩。

处士郑涉挺身而出，求见刘玄佐，说：“听说翟行恭将要被处以极刑，我有个心愿请您满足。”

刘玄佐说：“你是来求情的吗？”

郑涉说：“不，不！我只是想借他的尸首看一看。”

刘玄佐很奇怪，问他看尸首干什么。

郑涉回答说：“我曾听说被冤枉屈死的人面部都会有奇异之相，可我一辈子没有见识过，所以想借此机会看一看。”

刘玄佐听出弦外之音，顿时省悟过来，免了翟行恭一死。

眼看人头就要落地而又无法直言劝谏，郑涉情急之下采用了“借尸还魂”的方法，运用“验尸”之说警醒杀人者，从而救人一命。

一语双关的正确打开方式

说话时巧用谐音法，可以化平淡为神奇，获得出人意料的戏剧性效果。

谐音法的运用大致有以下几种形式：

1. 谐音讽刺

运用谐音法，可对不便明说的丑恶现象和人物进行讽刺鞭挞。

辛亥革命后，清帝逊位。人们以为从此天下太平，而事实却是军阀混战，贪官盛行，民不聊生。四川名士刘师亮撰联道：“民国万税，天下太贫。”其讽刺效果可谓入木三分。民国不能“万岁”，却有“万税”；天下不太平，只有“太贫”。

2. 谐音表态

世称“扬州八怪”之首的郑板桥在潍县做县令时，逮捕了一个绰号“地头蛇”的恶棍。他的伯父是个有钱有势的老员外，舅舅又是郑板桥的同科进士，两人带着酒菜连夜登门求情。

酒席上，进士提出要行个酒令，并拿起一个刻有“清”字的骨牌，一字一板地吟道：“有水念作清，无水也念青，去水添便为情。”

郑板桥更正道：“年兄差矣，去水添心当念情。”进士听了大喜。郑板桥猛然悟到中了他的说情圈套，紧接着大声念道：“酒精换心方讲情，此处自古当讲清，老郑身为七品令，不认酒精但认清。”那两人见状，只好扫兴而归。

这里，这位进士巧用谐音求情，而郑板桥却妙用谐音变化，表明了为官一身清、决不徇私情的态度。

3. 谐音还击

乾隆庆七十大寿，众臣、侍卫前呼后拥。这时，纪晓岚与和珅列于众臣前列。突然，一名侍卫牵着一条狗从旁而过。和珅见此，指着那条狗对纪晓岚问："是狼？是狗?"

纪晓岚非常机敏，意识到和珅是在辱骂自己，就给予还击。他泰然自若地回答道："回和大人话，垂尾是狼，上竖是狗。"

这里"是狼"与"侍郎"谐音，"上竖"与"尚书"谐音，纪晓岚巧妙利用了谐音转换的方法来反骂和珅才是狗，骂的真是天衣无缝，令和珅无言以对，黯然离去。

4. 谐音转换

这里指用关键字的谐音转换成另一个意义的词语，用新的语义掩盖原来的语义。

有个住旅店的人，一觉醒来，发现自己的五十两银子不见了，而这一晚旅店也没别人，只有他一人，因此他怀疑是旅店老板偷去的，但老板死活不承认。二人闹到县衙，县官对老板说："我在你手心里写个赢字，你到院子里晒太阳，如果晒很长时间，赢字还在，那么你的官司就打赢了。"

随后，县官把老板娘叫来。老板娘来到，只看见老板在外面站着，不知怎么回事。这时只听县官对她丈夫喊道："你手里的赢字还在不在?"店老板连忙回答说："在，在。"老板娘一听丈夫承认了"银子"在，就不敢隐瞒了，乖乖地回家拿出了银子。

运用谐音做辩论工具，可以灵活地驾驭语言，彰显大智慧。

薛登是宰相的儿子，生得聪明伶俐。当时有个奸臣金盛，总想陷害薛登的父亲，但苦于无从下手，便在薛登身上打主意。有一天，金盛见薛登正与一群孩童玩耍，于是眉头一皱，诡计顿生，喊道：“薛登，听说你的胆子像老鼠一样小，你敢不敢把皇门边的木桶砸掉一只？”

激将之下薛登不知是计，一口气跑到皇门边上，把立在那里的双桶砸掉了一只。金盛一看，正中下怀，立即飞报皇上。皇上大怒，立传薛登及其父问罪。

薛登与父亲跪在堂下，但薛登却若无其事地嘻嘻笑着。皇上怒喝道：“大胆薛登，为什么砸掉皇门之桶？”

薛登毫无惧色，抬起头反问道：“皇上，你说是一桶（统）天下好，还是两桶（统）天下好？”

“当然是一统天下好。”皇上说。

薛登高兴得拍起手来：“皇上说得对！一统天下好，所以，我把多余的那只‘桶’砸掉了。”

皇上听了转嗔为喜，称赞道：“好个聪明的孩子！”又对宰相说：“爱卿教子有方，请起请起。”

金盛一计未成，贼心不死，下堂后把薛登拉到背后，假装称赞他说：“薛登，你真了不起，你敢把剩下的那只也砸了吗？”

薛登瞪了他一眼，说了声“砸就砸”便头也不回地奔出门外，把皇门边剩下的那只木桶也砸了个粉碎。

金盛又飞报皇上，皇上怒喝道：“顽童！这又做何解释？”

薛登不慌不忙地问皇上：“陛下，您说是木桶江山好，还是铁桶江山好？”

“当然是铁桶江山好。”皇上答道。

薛登又拍手笑道：“皇上说得对。既然铁桶江山好，还要这木桶江山干什么？皇上快铸一个又坚又硬的铁桶吧！愿吾皇江山坚如铁桶。”

皇上高兴极了，下旨封薛登为“神童”，但薛登听了，并没有马上谢恩，却放声大哭起来，边哭边说：“金盛两次要我砸皇桶，意在害我父亲；而今皇上封我神童，他岂肯罢休？与其我薛家父子死在奸贼之手，倒不如请皇上现在就下旨给我死罪为好！”

皇上听了，顿时大悟，立即对金盛吼道："大胆金盛，你加害忠良，朕早有察觉。今日之事，你包藏祸心，已是昭然若揭。来人，传朕旨意，将他削职为民，滚回老家去！"

妙用谐音克敌护己，难怪薛登被誉为"神童"。

有时，将谐音与双关语结合使用，也会产生意想不到的幽默效果。

李鸿章是清末名臣，他的一个远房亲戚李某赴京参加科举考试。此人胸无点墨却热衷科举，一心想借李鸿章的关系捞个一官半职。打开试卷，竟无言下笔，急得如热锅上的蚂蚁。

眼看要交卷了，此人灵机一动，在考卷上写下"我乃李鸿章中堂大人的亲戚"。无奈，他不会写"戚"字，竟写成"我乃李鸿章中堂大人的亲妻"，指望能获主考官录取。

主考官阅卷到此处，不禁拈须微笑，提笔在卷上批道："所以本官不敢娶（取）你！"不用说，此人当然落第了。

"娶"与"取"同音，主考官针对李某的错字，顺水推舟来个双关的"错批"，既有很强的讽刺意味，又极富情趣。

歧义，一种高级的"错误"

自然语言具有歧义性，有时同样一句话，表达两种含义。利用它可以巧妙地构成语言的圈套，达到诱敌入彀中的目的。

唐朝有个人叫汪伦，家住安徽省泾川县。他十分仰慕当时的大诗人李白，又恨无缘相识，一直想寻个机会亲见一下这个"诗仙"的不凡风采并交个朋友。有一次碰巧李白遨游名山大川到了皖南，汪伦寻思：有什么妙法可以结识李白呢？

他忽然想起李白一爱桃花，二爱喝酒，便灵机一动，给李白写了一封邀请信。信上说："先生好游乎？此地有十里桃花；先生好饮乎？此地有万家酒店。"

李白接信后，欣然而至。汪伦便以实相告："十里桃花，是十里外有桃花潭水，其实这里并没有桃花；万家酒店，是指万家潭西一个姓万人家开的酒店，其实这里并没有一万家酒店。"

李白听完一愣，才悟自己"上当"，大笑不止。

李白对汪伦表现出来的机智和友情十分感激，以诗相赠，留下了"桃花潭水深千尺，不及汪伦送我情"的千古情谊，被传为诗坛佳话。

设置歧义圈套时，语言的迷惑性与灵活性特别重要。

有个包公断案的故事：某地李财主有个儿子叫李正频，自幼同庄员外的女儿庄小姐订了婚，两人是同年生的。到了18岁的时候，李财主准备为他们操办婚事，不料一场大火将家产烧得一干二净，不要说喜事办不成了，连生活也发生了困难。嫌贫爱富的庄小姐不认这门亲了，转而同有钱有势的钱秀才定了亲，庄小姐有了两个未婚夫。

李正频听说庄小姐要同钱秀才结婚了，就将其告到开封府包公那里。

包公便令差役将主小姐、钱秀才一起传上堂来审问。

包公耐心地劝说庄小姐同钱秀才解除婚约，希望庄小姐与李正频结合，但她执意不从。

包公眉头一皱，计上心来。

他让钱秀才、庄小姐、李正频三人面向包公案前竖排跪下，庄小姐在中间，前面是钱秀才，后面是李正频。包公认真地对庄小姐说："公堂上不得戏言，你愿同前夫结婚，还是愿同后夫结婚，由你自己选择，但一经认定就不得改口，立据为凭。"

庄小姐抬头一看，前面跪着钱秀才，便说："小女子愿同前夫结婚。"

包公大笑，一边请师爷成文，让她画押，一边说："庄小姐究竟贤惠，不嫌贫爱富，还是认定要同前夫结婚。"于是又对李正频说，"庄小姐已自愿认定你这个前夫，你就好好领她回去成亲吧！"

"退堂！"

庄小姐一时清醒过来，感到已无法挽回，但一看李正频举止文雅，人品也好，就跟他回去了。

包公的问话"愿同前夫结婚还是愿同后夫结婚"便是一个圈套。庄小姐如果答"愿同前夫结婚"，包公会说她愿同以前订立婚约的李正频结婚；如果她答"愿同后夫结婚"，包公又会说她愿同跪在她后面的男子李正频结婚。包公的问话灵活机动，对方无论如何也难以逃脱这一精心为她设置的"圈套"。

第三章

你要是这么说话，家里一定很幸福

在生活中，明明要说甲事，却可以从与它看似无关的乙事说起；本来要表达一种意思，但却偏采用旁敲侧击的暗示手段，这就是歪打正着的幽默技巧。

没有笑声的家太可怕了

台湾著名作家戴志晨先生说："婚姻是人世间'老化'最快的一种关系。结婚后，新郎、新娘都在一夕之间，变成老公、老婆。"而实际上，老化了的不是婚姻本身，也不是新郎新娘自身，而是他们之间的爱情。

针对爱情的老化问题，戴先生开的处方是"幽默"，他说："懂得夫妻幽默之道的人，可以防止婚姻老化，使双方永远做英俊的新郎和漂亮的新娘。"

一位市场部经理工作繁忙，每天都早出晚归。一天，当他满身疲惫地回到家，发现妻子在桌上留了一张纸条："每天那么晚才回来，真受不了！啤酒放在冰箱第三层，烤鸭在微波炉内，我的身体和爱情在被窝里。——老婆。"

此故事中，妻子把烤鸭、啤酒、身体和爱情并列在一起，幽默地暗示丈夫吃食品和喝啤酒，不要忘记了妻子需要丈夫的爱。此时，那位丈夫能不感受到家的温馨吗？能不感受到妻子那深沉的爱吗？当你觉得爱情生活变得日趋平淡的时候，不妨用幽默来打破这种死气沉沉的平静。

记得曾经有人这样为新闻做了精彩的概括："狗咬人不算新闻，人咬狗才算新闻。"不知道严肃的新闻工作者对这种概括是怎么看的，但类似的关系似乎倒存在于现实生活和幽默之中。

在生活中，明明要说甲事，却可以从与它看似无关的乙事说起；本来要表达一种意思，但却偏采用旁敲侧击的暗示手段，这就是歪打正着的幽默技巧。

看以下这组对话中的妻子是怎样巧妙地转移角度让丈夫理屈词穷的。

丈夫："你出去时，可别带那只怪模怪样的花狗去。"

妻子："唔！我觉得那条花狗很可爱。"

丈夫："你一定要带它，是想以它做对比，显示出你的美貌吧？"

妻子："你真糊涂，如果想那样，我还不如带你出去更好！”

丈夫对妻子频繁的外出大概有一些不满，但他却不直抒胸臆，而是想了一个诡计，借此将妻子数落一番。丈夫的言外之意是：那只狗长得那么丑，而你每次上街还牵着它，那一定是你自己长得不怎么漂亮才借它来掩护的吧？

妻子并没有按照常规的方法正面反驳，她临危不乱，也用了丈夫“歪打正着”的办法如法炮制，来了个后发制人。

妻子的意思显然是那条花狗虽长得怪模怪样，但比起你来说还要强一些，其实要是用对比来表现我的漂亮的话，恐怕你要适合些。

双方的斗嘴进行到这儿已经是“此时无声胜有声”，虽然自始至终谁也没有说出一句直接戏弄对方的话，但一切尽在不言中了。

再如：

妻子：“喂，你怎么还不快点开车去车站接我妈？”

丈夫：“我不敢去。”

妻子：“为什么？”

丈夫：“你规定我除你之外不准接触任何女人的禁令还有效吗？”

丈夫对妻子的“禁令”终于找到了一个侧面批判的机会，这样也就用到了歪打正着的幽默方法。

有的夫妻很懂得怎样保护自己的幸福，保持爱情的活力。他们以幽默来代替粗鲁无礼的语言，解决日常生活中的分歧，让家庭生活始终处于最佳状态。

丈夫下班回到家，发现妻子正在收拾行李。

“你在干什么？”他问。

“我再也待不下去了，”她喊道，“天哪，这哪儿像个家！一年到头，老是争吵不休。”

丈夫困惑地站在那儿，望着他的妻子拎着皮箱甩门而去。忽然，他冲出房间，从架子上抓起一只皮箱，也冲向门外，对着妻子远去的背影喊道：“等等我，咱们一起走！天哪，这样的家有谁能待下去呢！”

这一幅令人啼笑皆非的场景，哪像是夫妻吵架闹分居，倒像是一对患难夫妻被迫双双离家出走。丈夫这番柔情似水的语言，不但让妻子感到好笑，而且体会和理解了丈夫是在含蓄地表达他的歉意、对自己的爱意和两人不可分离的情意。听其言、观此举，妻子怎么能不破涕为笑、回心转意呢？

有对年轻夫妻，吵得不可开交。太太一直嘀咕、谩骂，嫁给一个好吃懒做、没有出息的老公，真是一朵鲜花插在牛粪上。

不久丈夫从楼上走下来，对老婆说道："尊敬的夫人，牛粪到了！"丈夫的自我解嘲，使太太转怒为喜，也结束了一场战争。

临睡觉前，丈夫要妻子到时间叫醒他看足球赛的现场直播。

妻子问："明天看回放不一样吗？"

丈夫反问道："那新婚和二婚一样吗？"

妻子听丈夫这样说很生气，就赌气地说："你要愿意看，就自己起来看，我可没那闲工夫叫你。"

丈夫也很不高兴，就嘟嘟囔囔地睡了。

半夜，妻子大声嚷道："快起来看你的新娘子！"

许多时候，幽默的言谈也能使你增强对婚姻和家庭的信心。下面的妙语或许我们听说过：

"我最辉煌的成就，是我竟能说服我的妻子嫁给我。"温斯顿·丘吉尔说。

"婚前要张大眼睛，婚后半闭就可以了。"富兰克林说。

一个男人向他的朋友道出了他婚后生活美满的秘诀。

"我的夫人对所有的小事做出决定，"他解释说，"而我，对所有的大事做出决定。我们和平共处，互不干扰，从无怨言，从不争吵。"

"很有道理，"他的朋友赞同地说，"那么，你的夫人对什么样的事情做出决定呢？"

"她决定应该申请什么样的工作、我们周末去哪里游泳，诸如此类的事情。"

朋友很惊奇："那么哪些是由你决定的大事呢？"

"噢，"这位男人回答，"我决定由谁来做首相，我们是否应该增加对贫穷国家的援助，我们对原子弹应该采取什么样的态度等。"

女人往往是家庭的统治者，即使她没有在事实上统治家庭，那也要在外表上看起来是这样，以满足她们的统治欲和虚荣心，哪怕是伟人的夫人也不例外。

一次宴会上，林肯和他的夫人面对面地坐着。林肯的一只手在桌上来回移动，两个手指头向着他夫人的方向弯曲。

旁人对此十分好奇，就问林肯夫人："您丈夫为何这样若有所思地看着您？他弯曲手指并来回移动又是什么意思呢？"

"那很明显，"林肯夫人答道，"离家前我俩发生了小小的争吵，现在他正在向我承认那是他的过错，那两个弯曲的手指表示他正跪着双膝向我道歉呢。"

女人即使不能统治家庭，她也特别关注自己在丈夫心目中的地位，用各种语言来表达"你爱我吗"的试探，却常常遇到男人机智而幽默的回答。

妻子："我和你结婚，你猜有几个男人在失望呢？"

丈夫："大概只有我一个人吧。"

妻子问丈夫："如果我和你妈妈同时落水，你该先救谁？"这真是一个让人不知如何回答的问题，而聪明的丈夫灵机一动："当然要先救未来的妈妈！"

某新婚夫妇，洞房内贴有家规，上面写着：

第一条：太太永远是对的。

第二条：如果太太错了，请参阅第一条。

这两条家规道出了男人怕老婆的现象。中国人"怕老婆"雅称"惧内"，可见这种现象的确由来已久。自从苏东坡发明了"河东狮吼"这一成语，"惧内"的幽默便开始登堂入室，成为洋洋大观的一道风景。

这"怕"的幽默多姿多彩，有人改程颢的诗曰："云淡风轻近晓天，夫人罚跪在床边。时人不知吾心寒，还说偷闲学拜年。"这一怕，欲说还"羞"。然而，在社交中有些人却能巧妙地调侃自己，树立自己可爱的形象。

妻子："你在外面很少喝酒，为何在家里拼命地喝呢？"

丈夫："我听说酒能壮胆。"

而且，有幽默感的人也不怕在众人面前表现自己"怕老婆"。

我们来看下面两人的对话。

甲："在公司你干什么事?"

乙："在公司里我是头。"

甲："这我相信，但在家里呢?"

乙："我当然也是头。"

甲："那你的夫人呢?"

乙："她是脖子。"

甲："那是为什么呢?"

乙："因为头想转动的话，得听从脖子的。"

如此妙答，当然引得人们捧腹大笑，也间接地暗示了他对婚姻的满意，如果他的夫人真的如所说的那样，他也许就幽默不起来了。所以，夫妻关系的好坏对"惧内"幽默的发挥是相当有影响的。

男人沉迷于打牌，常常会受到妻子的责骂，而巧妙的幽默，却往往能避免一场正面战争的发生。

丈夫常通宵达旦地在外打牌，妻子痛苦不堪。女友为她支招，拯救这个不回家的男人。

某夜，丈夫中途回家取钱，敲门喊道："开门，我是你老公!"

妻子呸一声："你以为装成我老公，我就放你这色狼进来?"

丈夫急了："我真的是你老公!"

妻子大吼："快滚，我老公从不这么早回家，你再不滚，我打110了!"丈夫气得跳脚骂娘，无可奈何地离去，一直挨到凌晨三四点钟才得以敲门入内。

一进门，妻子即说："你终于回来了。11点左右有个坏人想冒充你混进来占便宜，被我骂走了。"

丈夫余怒未消，气呼呼地说道："我看你是睡昏了头，连我的声音也听不出来了?"

妻子问："那昨天、前天也是你敲的门?"

丈夫一惊："竟有这等事?"

丈夫埋伏在家，一心等待机会打击流氓犯罪，谁知苦等三个晚上均风平浪静，便问妻子："那家伙为啥不露面？你该不是神经过敏吧?"

妻子说："钟馗在，鬼还敢上门吗？你想想，把我孤单单一人丢在家，不是给坏人可乘之机？我提心吊胆、担惊受怕地过日子，总有一天会得精神病的！”

丈夫一想是这理，于是晚上很少独自外出，家庭生活从此又得安宁。

妻子感谢女友帮了大忙，问其如何想出这一绝招？女友笑答：“实践出真知。”

中国有“男主外，女主内”的说法，在这种观念的影响下，许多男士误以为所有的家务事都“卖”给女主人了，总是不闻不问。长此以往，双方的默契感将会大受影响。尤其对深受家事所累的女性来说，夫妻之间的默契，很多是在厨房里互为高低手造就出来的。你若连一根葱也不愿剥，对方对你的感觉，迟早形同冰水。所以，有心计的妻子会用自己的智慧和幽默说服丈夫去做家务，而且是心甘情愿地去做，高高兴兴地去做。

请看这位妻子的高招。

妻子：“亲爱的，你能把昨天晚上换下来的衣服洗一下吗？”

丈夫：“不，我还没睡醒呢！”

妻子：“我只不过是考验你一下，其实衣服都已经洗好了。”

丈夫：“我也只是和你开玩笑，其实我很愿意帮你洗衣服的。”

妻子：“我也是在和你开玩笑，既然你愿意，那就请你快去干吧！”

丈夫此时不得不佩服和欣赏妻子的幽默和情趣，高兴地去干不愿干的家务。当然，如果妻子已把衣服洗了，其幽默感更强，丈夫受到感动，往后会主动帮助妻子做家务，这样家务事带来的不是烦恼，而是一种家庭的快乐。

把你的不满说出来让大家开心一下

男人有时会这样开女人的玩笑：

【形容女人很会花钱，并爱迟到】

“我太太只有一件事会准时到，就是买东西。”

“就算皮包里层是磁铁或黏合剂，能把钱牢牢黏住，我太太的钱也不可能留在皮包里。”

【隐瞒年龄】

“我太太对她年龄从不撒谎，但她很喜欢夸大她丈夫的年龄。”

“女人最擅长的算术就是加与减，加别的女人年龄，减去自己的岁数。”

而男人是：

【粗心大意，不够体贴】

结婚多年，丈夫却时时需要提醒才能记起某些特殊的日子。在结婚十周年纪念日早上，坐在桌前吃早餐的妻子暗示：

“亲爱的，你意识到我们每天坐的这两把椅子已经用了十年了吗？”丈夫放下报纸盯着妻子说：“哦，你想换一把椅子吗？”

夫人甲：“我家那个马大哈真叫我伤心，他连我们的结婚纪念日都忘记了。您丈夫该记得吧？”

夫人乙：“我才不希望他记得那么清楚，我总是一月份提醒他一回，到了七月份又提醒他一回。这样，我一年就能得到他送给我的两份礼物。”

“你太沉迷于高尔夫球了。”太太抱怨，“你连我们的结婚纪念日都不记得了。”“我当然记得，”丈夫抗议，“就是我挥出三十五尺一杆进洞的那一天。”

【漫不经心，不懂欣赏】

“五年来，我先生从来没有好好看过我一眼。”有一位妻子抱怨，“要是将来我有个什么三长两短，我恐怕他也没法去认尸了。”

夫妻两人一起去参观美术展览，当他们面对一张仅以几片叶遮羞的裸女油画时，丈夫立刻张大嘴巴盯着那幅画，待了半晌仍不想走开。妻子忍无可忍，狠狠地揪住丈夫吼道："喂，你是想站到秋天，待树叶都落下才甘心吗？"

【脾气坏，爱批评】

太太开玩笑地对丈夫说："你需要一个自动闹钟在早上叫醒你。"丈夫不太高兴地说："不必了，有你这样一个长舌妇在旁边就够了。"

饭桌上，丈夫斥责道："你这烧的哪里是青菜？蜡黄蜡黄的，看上去让人毫无食欲。"妻子立刻回答："你每天回家这么晚，当然不会知道它们在我的锅铲上也曾经'青春'过。"

一个好吃的丈夫批评妻子做的菜不好。妻子就对他说："你不妨多看看食品广告，那些广告看起来都是香喷喷的。"

【絮叨不休】

妻子临睡前絮絮叨叨地谈话令丈夫十分不快。一天夜里，妻子又絮叨了一阵后，吻别丈夫说："家里的门窗都关上了吗？"回答："亲爱的，除了你的话匣子外，该关的都关了。"

妻子："喂，听说男人们秃顶，是因为用脑过度，是这样吗？"丈夫："是呀！女人不长胡子，正是因为整天喋喋不休，下颚运动过度的缘故。"

夫妇俩在钓鱼，妻子边钓边唠叨不休。一会儿，居然有条大鱼上钩了。妻子："这条大鱼真可怜。"丈夫："是啊！只要它闭上嘴，不也就没事了吗？"

妻子："你经常说梦话，要不去医院检查吧？"丈夫："不用了吧！要是治好了这病，我就没一点说话的机会了。"

【无端猜忌】

新婚之夜，新郎问道："亲爱的，告诉我，在我之前，你有几个男朋友？"新娘转过身去沉默。"生气了？"新郎想，过了片刻又问，"你还在生气？""没有，我还在数呢！"

角色的对调可以激发我们以新的方式来发挥幽默的力量。生活中，我们对亲人会有各种各样的看法，有好或不好的。当我们对亲人有不好的看法时，如果直言不讳，言辞激烈，则难免伤害对方。如果能将话语制成“糖衣炮弹”，对有缺点的一方进行善意的揶揄和有节制的讽劝，以幽默的方式送给对方，那么就既达到了批评对方的目的，又增加了趣味的成分，既使对方心甘情愿地改正错误，也不会伤害感情。可以想象，其收效肯定要比直言不讳强。请看下面这位丈夫是怎样巧妙地借机批评他的妻子对母亲不孝顺的。

妻子对丈夫说：“我生了女孩，你妈妈说什么了吗？”

丈夫回答：“没有，她还夸你呢。”

妻子认真地问：“真的，夸我什么？”

丈夫一字一句地说：“夸你有福气，将来用不着担心看儿媳妇的脸色行事了。”

这位丈夫没有直接表达对妻子不孝顺母亲的不满，而是以幽默的方式道出，通过这种温和的批评方式，让妻子从一个母亲的角度来看这件事情，使她在回味之余，更容易接受批评并加以改正。

日常生活中许多琐事往往会引发大的干戈，其原因之一是双方的话语中都缺少一种幽默的成分。如果在批评亲人的时候能采用幽默的方式，那么你的批评就已经有一半成功了。

妻子已经有两个礼拜没有打扫房间的卫生了。丈夫对妻子的懒惰和邋遢十分不满，就对妻子说：“亲爱的，上星期你工作很忙，没有时间做家务，如果这个星期你仍然忙的话，我还可以替你再做一周家务。”

一天早晨，妻子正在做早餐，丈夫发现他的衣柜抽屉里只剩下一双干净的袜子了，他并没有发任何牢骚来责怪妻子洗衣不勤快，只是对着厨房大声说：“亲爱的，要是我还有一只脚，那么它就会没有袜子穿了。”

这样，就比严厉地指责她的懒惰与疏忽大意来得轻松一些，也更容易被对方接受。男人也许不愿意自己扮演这样的角色：怀里抱着啼哭的婴孩在客厅里走来走去，而孩子的母亲正在卧室里休息。

这位父亲对着卧室喊道：“从来没有人问我，如何使家庭与事业兼顾的。”

当然，懒惰的不仅仅是妻子。结婚后，数不尽的琐事让人措手不及，有的丈夫很懒惰，即使工作不太忙，也不肯帮妻子动动手。对此，妻子可运用幽默提示一下丈夫。

妻子在厨房忙完以后，对久坐不动专等着吃饭的丈夫说："今晚的菜，你可以选择。"

"是吗？都有些什么菜？"

"炝土豆丝。"

"还有呢？"

"没有了。"

"那你让我选择什么啊？"

"吃还是不吃？"

即使丈夫再懒，做妻子的最终还是会原谅他，不过妻子可以用幽默的方法来提醒他。

一对年轻的夫妇，我们姑且称他们为苏珊和亨利。他们订购了一批郁金香球茎，要在秋天种植。苏珊多次提醒亨利去种球茎，但他老是拖延。最后她自己种了。

亨利很高兴。直到春天，郁金香长出来了，开满了各色的花，拼出了"懒惰的亨利"的字样。

再看看一位丈夫是怎样用一种有效的新法子改变妻子的一些小毛病的。

有一位丈夫发现无论怎样劝说，妻子的一些小毛病仍是改不过来，于是他决心不再做任何批评，而要改用一个新法子。妻子的毛病他不再说了，却在她粗心大意的地方写小纸条，并且附上一张十元钞票。

新方法实行的第二天，妻子在冰箱的冷冻室里发现一张附了钞票的纸条，上面写着："一号：除霜奖品十元。"这件小趣事引起了她的好奇心，之后她又在书房一角发现一张，那儿有一堆她摆了许久打算要剪贴的旧杂志，纸条上写着："四号：整理杂志奖品十元。"

这位妻子知道一定还有二号、三号，也许四号之后还有别的，于是动手打扫家里各个房间。等她找到了所有号码的奖品时，她丈夫抱怨的那些小毛病便都处理掉了。

但是这一回她不但不生气、逃避，反而觉得这裹了糖衣的批评教育十分有趣。

如果妻子把丈夫管得太严，丈夫往往会感到很不自由。

有一位已婚的朋友，计划来一次单身旅行到“千岛”。他太太的反应令他不太高兴。

他当着妻子的面对来家里做客的朋友说：“她没说不准我去。只是她要我在每个岛上待一个星期。”

小气的妻子往往把家里的财物管得很严，丈夫会觉得很不方便，这时候要表达不满可以向下面这位先生学习。

儿子问父亲：“爸爸，阿尔卑斯山在哪里?”

父亲漫不经心地回答说：“去问你妈！她把什么东西都藏起来了。”

不求全责备，吃出好心情。

吃饭时丈夫尝了尝汤，问道：“家里还有盐吗?”

“当然有，”妻子说，“我去给你拿来。”

“不用了，亲爱的。我以为你把所有的盐都放在汤里了呢。”

当你以幽默力量与亲人交流时，你可以制造机会去给予并获得。新的看法会把幽默的言语转变为有助于增进家人感情的建议。

有这么一位先生回家时，装作气喘如牛的样子，却又得意扬扬地对妻子说：“我一路跟在公共汽车后面跑回来，”他喘着气说，“这一来我省了两元钱。”

他妻子笑着说：“你何不跟在出租车后面跑，可以省下二十元!”

这则对话中，丈夫所说的明显是假的，他要表达的是妻子对他的钱包管得太紧了。妻子理解丈夫的意思，在莞尔一笑的同时，以幽默的话回避了丈夫的话题。

幽默是一种灵活的表达方式，它可以明确而又温和地表达出我们对亲人的看法。让亲人平和地了解到我们的想法，重新审视他们自身，改正他们的错误，弥补他们的不足。

幽默也可以很高端

世界各民族丰富的语言文字，为幽默提供了妙趣横生的表现形式，而千百年来流传至今的修辞方法，更为幽默创造了多姿多彩的使用技巧。幽默借用精妙的语言修辞，更能寓意深刻，出奇制胜。

1. 比喻

比喻是幽默艺术中常用的手法之一，有明喻、暗喻和借喻三种。比喻的主要功能是语言的形象性，那些使人感到别致、出乎意料、乖巧的比喻都是产生幽默滑稽的最佳材料。

一次内阁会议上，英国首相麦克唐纳同一位政府官员讨论持久和平的可能性。那位官员对首相的乐观态度和理想主义不以为然，他冷嘲热讽地说："要求和平的愿望不一定能保证和平。"

麦克唐纳听罢，立即反驳道："完全正确！要求吃的愿望也不一定能使你充饥，但至少可以使你向餐馆走去。"

对方不禁心悦诚服，他后来成了麦克唐纳外交路线的忠实拥护者和执行者。

用吃饭来比喻和平闻所未闻，但用在此处不仅贴切而且具有说服力。

至于罗斯福用比喻幽默法来对付记者的难题也堪称一绝。

1945 年，罗斯福第四次当选美国总统。美国一家著名报社的记者采访了他，请他谈谈连任的感想。罗斯福没有正面回答，而是很客气地请这位记者吃一块三明治。记者觉得这是殊荣，便十分高兴地吃了下去。总统又微笑着请他吃第二块。记者觉得情不可却，又吃了下去。不料总统又请他吃第三块，他的肚子虽已不需要了，但出于礼貌，他还是勉强地吃了下去。

谁知总统在他吃完之后又说："请再吃一块吧！"

记者一听啼笑皆非，因为他实在吃不下去了。

罗斯福这才微笑着说："现在你不需要问我对于第四次

当选的感想了吧，因为你自己已经感觉到了！”

罗斯福就是用记者吃四块三明治的体会，来比喻四次当选美国总统的体会。借比喻事例中的道理，来深入浅出地说服对方，真是妙不可言。

用比喻时要自然得体，不露痕迹，给人以天衣无缝之感，方可令人解惑。

老师对吵闹不休的女学生说：“你们叽叽喳喳，真闹哄。两个女孩，赛过一千只鸭子。”

不久，一名女生在外面报告：“老师，外面有五百只鸭子来找您。”

老师莫名其妙，出去一看，原来是自己的妻子。

这位女生巧用比喻，用鸭子直接喻人。同时，巧妙换算，自然天成，平添乐趣。

2. 借代

借代法，是直接用一种东西，去指代另一种东西。往往出乎意料，容易显示出幽默。

一对年轻夫妇走进首饰商店，妻子问售货员：“右边的那个钻戒要多少钱?”

“3 万美元，女士。”

丈夫惊愕地吹了一个口哨，问道：“在它旁边的那个呢?”

售货员答道：“两个口哨的价，先生。”

口哨当然不能作为标价单位，但由于有了对 3 万美元惊愕得吹口哨的基础，借代就可以实现了。幽默的店员使顾客对商品价格的埋怨化为一笑，的确聪明。

上例是口哨取代了价格，下例则是爱因斯坦用公式来教育青年了。

一个爱说废话而不爱用功的青年，整天缠着大科学家爱因斯坦，要他公开成功的秘诀。爱因斯坦厌烦了，便写了一个公式给他：A = X + Y + Z，爱因斯坦解释道：“A 代表成功，X 代表艰苦的劳动，Y 代表正确的方法……”

“Z代表什么？”青年迫不及待地问。

“代表少说废话。”爱因斯坦说。

如果说爱因斯坦的借代偏重批评的话，画家门采尔的借代则有宣泄的味道了。

门采尔长得又矮小又丑陋，当他发现有人嘲笑他的时候，他会怒不可遏。

有一次，门采尔正坐在饭馆里，进来了三个外国人，一位女士和两位先生，他们在旁边的一张桌子边坐下。门采尔抬头一看，发现那位女士正向两个同伴耳语，而且那三个人打量了他一番便咯咯地笑了起来。

门采尔的脸涨得通红，但他没有说什么，而是取出速写本，认真地画起画来。他一边画着一边不时地望着女士的眼睛，致使那位女士有些慌乱。她觉得她刚才嘲笑过的邻座这个怪人正在给她画像，心里很不自在。

门采尔并没有让她的目光扰乱了自己，满不在乎地继续画他的画。突然，其中一个男士朝他走来说：“先生，我不允许您画这位女士。”

“哎呀，这哪里是一位女士呢？”门采尔心安理得地说道，并且把速写本递给他看。只见那位先生道了声对不起，便回到同伴那里去了。原来门采尔画的是一只引颈高叫的肥鹅。

那个男士似乎不知道“鹅”在德语中可以作为骂人的话，意为“蠢女人”。

3. 夸张

所谓夸张，是以言过其实的言辞达到一种极不协调的喜剧效果，它往往带有讽刺意味。

马克·吐温有一次坐火车到一所大学讲课。因为离讲课的时间已经不多，他十分着急，可火车却开得很慢，于是他想出了一个发泄怨气的办法。

当列车员过来查票时，马克·吐温故意递给他一张儿童票。这位列车员也很幽默，故意假装仔细打量了马克·吐温半天，说：“您真有趣，看不出您还是个孩子哩。”

马克·吐温回答：“我现在已经不是孩子了，但我买火车票时还是孩子，火车开得实在太慢了。”

火车开得很慢的确是事实，但绝对不至于慢到让一个人从小孩长成大人。这里便是将慢的程度进行了无限的夸张，产生了特殊的幽默效果，令人捧腹。

大作家雨果收到一位初学写作的青年来信。写信人对这样一个问题颇感兴趣：“听说鱼骨里含有大量磷质，而磷质有助于补脑。那么要想成为一个举世闻名的大作家，就必须吃很多的鱼才行吧？不知这种说法是否符合实际。”

他又问道：“您是否也吃了很多的鱼，吃的又是哪种鱼呢？”

雨果回信说：“看来，你得吃一对鲸鱼才行。”

雨果的回信点出了对方话语的荒诞和浅薄，却又不尖酸刻薄。

4. 拟人拟物

拟人与拟物，都是修辞格的种类，前者把物当作人来描写，使物人性化；后者把原来适用于物的词语来描写人，使人物性化。这两种手法常用于制造幽默。

南唐时期，赋税繁重，民不聊生。恰逢京城大旱，烈祖便问群臣道：“外地都下了雨，为什么唯独京城不下？”

大臣申渐高说：“因为雨怕抽税，所以不敢入京城。”

烈祖天性睿智，听罢大笑，立即颁发圣旨，减轻赋税，让百姓休养生息。

申渐高在回答中巧借话题，将“雨”拟人化，委婉地道出了税收繁重、令人生畏的意思，机智地讽谏烈祖减税，为百姓做了一件好事。

杰拉尔德·福特是美国第38任总统。他说话喜欢用双关语。有一次，他回答记者提问时说：“我是一辆福特，不是一辆林肯。”

众所周知，林肯是美国一种高级的名牌汽车，同时，也指早期的林肯总统，福特则是当时普通、廉价而大众化的汽车，同时也是他自己的名字。福特说这句话，一是表示谦虚，二是为了标榜自己是大众喜欢的总统。福特巧借同名来比拟，以显示自己是大众喜欢的总统。不仅十分幽默，而且十分巧妙！

前面是将人比拟成车子，下面是将白兔比拟成人了。

铁血首相俾斯麦有一次和一名法官相邀去打猎，两人在寻觅猎物时，突然从草丛中跑出一只白兔。

法官自言自语道："这只白兔已被宣判死刑了。"可是法官这一枪未打中，白兔跳着逃走了。看到这种情形的俾斯麦，当即大笑着对法官说："它对你的判决好像不大服气，跑到最高法院去上诉了。"俾斯麦的比拟贴切而幽默，令人回味。

比拟法幽默不仅可以给人带来愉悦，而且可以用来下逐客令。

主人请客人在家里吃饭，客人酒足饭饱仍不想告辞。主人终于忍不住了，指着窗外树上的一只鸟对客人说："最后一道菜这样安排：砍倒这棵树，抓住这只鸟，再添点酒，现烧现吃，你看怎样？"

客人答道："只恐怕没砍倒这棵树，鸟早就飞了。"

"不，不！"主人说，"那是只笨鸟，不知道什么时候该离开。"

这位主人的确具有丰富的想象力，如果这只"笨鸟"不是太笨的话，应该知趣地快点离开了。

生活是幽默的源泉，有许多趣闻逸事，几乎无须任何艺术加工，信手拈来，给人以趣味和美感。看看下面的生活片段：

上班高峰期，公交车上超挤，一个时髦女郎站在门口，从车厢后面挤过来一个男孩要下车，跟时髦女郎说了一句："请让一下，下车。"女郎纹丝不动。男孩只好挤过去，不小心踩到了她的脚。结果女郎不停地骂："神经病啊你！神经病啊你……"分贝很高，全车人都把目光聚焦在他俩身上。

男孩忍而不发，下车时忍不住了，回头对那女郎说："复读机呀你！"全车人爆笑。

后边有几个中学生模样的孩子，不停地表演刚才的一幕，甲说："神经病呀你！"乙说："复读机呀你！"全车人爆笑。

接下来的一站，有个小妹妹也要下车，挤过去怯怯地说："我……我……我想下车，我不是神经病！"全车人再次爆笑。

那个时髦女郎缄默了，可是从边上飘来一句话："你是不是没电了！"全车人爆笑不止。

5. 反问

反问，就是针对对方思想、观点中的破绽，提出一个针锋相对的问题，由于这类问题的提出往往出人意料，所以幽默由此而生。

赫尔岑是俄国著名的文学评论家，有一次应邀出席了一位朋友的酒宴。席间，他被轻佻的音乐弄得非常厌烦，不得不用手捂住耳朵。

主人一见赫尔岑这个样子，连忙解释道："今晚宴会上演奏的全是俄国流行的歌曲，你怎么会感到厌烦呢?"

赫尔岑反问道："流行的乐曲就一定高尚吗?"

主人听了疑惑地说："不高尚的东西怎么能够流行呢?"

赫尔岑笑了："那么，流行性感冒也是高尚的了?"主人哑口无言了。赫尔岑说罢，便起身告辞了。

反问幽默法也可以用来摆脱困境，请看一则俄罗斯的幽默故事。

乌利和奥列格一起坐火车去莫斯科。列车员看到乌利头上的行李架上有只巨大的木箱子，就对他说："您的这只箱子必须拿去办理托运，如果您不遵守铁路规定，只好请您把这只箱子从窗户扔出去。"

乌利坚决地表示："我不能把这只箱子扔掉，也不会去办理托运。"

他们为此事吵了起来，列车长来了也无济于事，最后只好把乘警叫来。这个警察大声对乌利叫道："要么去办理托运手续，要么扔出窗户去！"

乌利还是说："不！"

警察发怒道："为什么?"

"因为它不是我的！"

大家都吃了一惊："那么它是谁的呢?"

“是我的朋友奥列格的。”

列车长、警察、列车员一起转过身来，冲着奥列格大叫道：“这么半天，你为什么无动于衷？”

奥列格反问道：“刚才你们谁问我了？”

大家吵了半天，最后追查到奥列格身上，本来应该由他来承担一切责任，不料奥列格来了一句反问，便把责任推卸得一干二净了。

6. 仿拟

仿拟，顾名思义，就是把原有的语言和情境移植，新意与原意形成对照，从而产生不协调之趣，造成幽默感。其直观、简便的表达方式和蕴含讽刺的功效，深受人们喜爱。

甲：营长真是神枪手啊，指哪儿打哪儿呀！

乙：你行吗？

甲：行，我能打哪儿指哪儿。

乙：噢！打哪儿指哪儿呀，那谁都会。

甲故意把话题颠倒说，从“指哪儿打哪儿”到“打哪儿指哪儿”，结构形式相同而语意大变，语句的前后组合出现矛盾，笑料随之产生。

法国作家台奥多尔·冯达诺在柏林当编辑时，收到一个青年寄来的几首拙劣的诗要求发表，并附了一信：“我对标点向来是不在乎的，请您说明填上吧。”冯达诺很快给那个青年退了稿，并附信说：“我对诗向来是不在乎的，下次请您只寄些标点来，诗由我自己来填好了。”

一个说“对标点向来是不在乎”，另一个则说“对诗向来是不在乎”，都是书面语言，如果两人当面对话，肯定也是非常幽默的。

有些人玩物丧志，整天泡在麻将场里。于是有人便吟道：“春眠不觉晓，处处蚊子咬，夜来麻将声，输赢知多少。”

在讲话中仿拟名句，以求生动的做法，古来就有先例。

据说，苏轼和好友刘颁等人相聚饮酒，刘颁建议大家各引古人语相戏。轮到苏东坡时，他看到刘颁因患病，鬓发、眉毛尽皆脱落，鼻梁也陷了下去，陡然想起刘邦的《大风歌》：“大风起兮云飞扬，威加海内兮归故乡。安得猛士兮守四方。”于是吟道：“大风起兮眉飞扬，安得壮士兮守鼻梁？”两句戏言，引得众人大乐。

同样的手法，来自阿凡提的一则故事：

阿凡提开了一间染坊，给乡亲们染布。财主见大家都夸阿凡提布染得好，十分妒忌，想要刁难他一下。

这一天，财主挟着一匹布，大摇大摆地来到染坊，一进门就大声嚷道：“来，阿凡提，给我把这匹布好好染一染，让我看看你的手艺。”

“您要染什么颜色？”

“我要染的颜色普通极了。它不是红的，不是蓝的，不是黑的，不是白的，不是绿的，不是青的，不是黄的，不是紫的，也不是这些颜色的混合色。你能染吗？”

阿凡提爽快地接过布说：“当然能染，染完后保你满意。”

“什么，你能染？那好，那我哪天来取？”

“日期嘛！”阿凡提微微一笑，顺手把布扔到柜里，“不是星期一，不是星期二，不是星期三和星期四，又不是星期五和星期六，连星期天也不是。我的巴依，到了那一天，你就来取吧！”

阿凡提不仅在语气和语句结构上模仿，而且就其荒谬的无理要求也进行模仿，把刁难人的皮球踢还给了对方。

7. 引用

在特定的环境下引用现存的词、名、篇、句式及语气而创造新的语言，是幽默方式中很常见的一种，往往借助于某种违背正常逻辑的想象和联想，把原来的语言要素移植到新的语言环境中，造成幽默感。

在美国一所学校里，一位女教师在课堂里提问：“‘不自由，毋宁死’，这句话是谁说的，知道的人请举手。”

教室里鸦雀无声，女老师脸上一片失望。过了一会儿，有人用不熟练的英语答道：“1775 年，巴特利克·亨利说的。”

“完全正确。同学们，刚才回答的是一位日本同学。可是生长在美国的同学却回答不出，多么令人遗憾啊！”

“把小日本干掉！”教室里传来一声怪叫。

女教师气得语音都颤抖了，大声问道：“谁？这话是谁说的？”

静了一会儿，教室一角有人答道：“1945 年，杜鲁门总统说的。”

1945 年杜鲁门总统对日作战宣传，可说是美国人的精神“原子弹”；而教室里冒出这句话，只能是笑料的“原子弹”。妙的是，那位学生引用得多么贴切、适时。

譬如，你向一位姓赵的先生借了一些东西，归还的时候可以说成“完璧归赵”；一位姓牛的先生在满头大汗地搬家，可以笑称其“汗牛充栋”。

有一位重执教鞭的老师，开课头一天，他从办公室向课堂走去。

“欢迎你重操旧业！”同行们向他笑着打招呼。

“矛！”他右手举起一根教鞭，接着又说，“盾！”左手拎起一块小黑板，最后用教鞭点点小黑板说，“自相矛盾。”

一个幽默的开场白，活跃了气氛，放松了心灵。

一家人也需要赞美啊

美国《人物》杂志选出 2009 年度全球 100 名最美丽人物，当时的美国第一夫人米歇尔·奥巴马也名列其中。米歇尔自称：“家人的赞美令我美丽。”她告诉《人物》杂志：“我有认为我长得漂亮的父亲和哥哥，他们每天都让我有那样的感觉。他们认为我聪明、敏捷、有趣，我听到许多那样的话。我知道有许多年轻女孩没听过，但我是幸运的。”

一位朋友说起她和母亲关系自小就疏离，长大之后顶多能相敬如“冰”的原因，就是她母亲泼冷水的专长。

她自小成绩优秀，考第二名时，母亲先问的第一句竟是："第一名多你几分?"得到第一名后，她原以为会得到赞赏，母亲却说："成绩好没什么了不起，女孩子品德最重要。"母亲生日时，她将零用钱买了她觉得很漂亮的生日礼物，母亲却觉得浪费钱，要她回去换，她嘟着嘴抗议自己的一番孝心都白费了，母亲却说："没揍你已经很好了。"甚至当她长大成人后和母亲一起买衣服，站在穿衣镜前时，母亲也在她背后"赞赏"她："没想到你全身上下，就这双小腿长得还可以。"

这样没有建设性的批评，可不能辩称是"忠言逆耳"，说者不见得有恶意，听者却是大大伤了心。

"数子十过不如奖子一功"，表扬孩子是非常重要的，它的作用常常要比批评大得多，效果也要好得多。一次小小的表扬和鼓励，对孩子的深远影响有时是终生的。

原通用电气总裁杰克·韦尔奇小时候有口吃的毛病，每当小朋友嘲笑他"小口吃""笨蛋"时，他总会哭着去找母亲。母亲拍拍他的小脑袋，爱抚地说："孩子，那是因为你太聪明，所以你的嘴巴无法跟上你聪明的脑袋瓜。"韦尔奇破涕为笑，他不再自卑。因为他对母亲的话深信不疑，相信自己有一颗聪明的脑袋。后来他发奋学习，45 岁那年成为美国通用电气公司历史上最年轻的董事长和首席执行官。他在自传中说："那是迄今为止我听到过的最美妙的一句话，也是母亲送给我最伟大的一件礼物。"

一句赞美能改变一生。

有一个调皮的孩子，他偷偷地向邻居的窗户扔石头，还把死兔子装进桶里放到学校的火炉里烧烤，弄得臭气熏天。

他九岁那年，父亲娶了继母，继母来自于富有的家庭。父亲告诉她要好好注意这孩子，"他可让我头痛死了，说不定会在明天早晨以前就拿石头扔向你，或者做出别的什么坏事，总之让你防不胜防。"

让人出乎意料的是，继母微笑地走近这个孩子，托起他的头看着他，接着回头对丈夫说："你错了，他不是全州最坏的孩子，而是最聪明的，但还没有找到发泄热忱地方的孩子。”

男孩的心里热乎乎的，眼泪几乎滚下来。凭着她这一句话，他和继母开始建立友谊；也就是这一句话，成为激励他的一种动力，帮助他和无穷智慧发生了联系，使他成为20世纪最有影响力的人物之一。这个男孩就是戴尔·卡耐基。

母亲的亲吻使我成了画家。

一天，一个小男孩在家里照顾他的妹妹莎莉，他无意中发现了几瓶彩色墨水。母亲不在家，那些瓶子对他是一种极大的诱惑，小男孩忍不住打开瓶子，开始在地板上画起了妹妹的肖像。不可避免地，他把室内各处都洒上了墨水污渍，家里变得脏乱不堪。

当他母亲回来时，被眼前的情景惊呆了，但她同时也看到了地板上的那张画像——准确地说是一片乱七八糟的墨迹。她对色彩凌乱的墨水污渍视而不见，却惊喜地说道：“啊，那是莎莉！”然后弯下腰来亲吻了她的儿子。这个男孩就是本杰明·威斯特，后来成为一名著名的画家。他常常骄傲地对别人说：“是母亲的亲吻使我成了画家。”

这样的例子还有很多。

一个喜爱足球的女孩，考了许多次都没有被足球队录取。按照身体条件，她真的不是很优秀。但是体校教练总是鼓励她“下次肯定能成功”。后来，她终于进入了足球队。多年后，她成为中国女子足球队的队长，她就是孙雯。

一个身材矮小的女孩，喜欢上了乒乓球。父亲对她说：“你很优秀，真的。”她后来成为乒乓球国手，她的名字叫邓亚萍。

没有人会说他们的成功就是那几句温馨的话的结果，但是他们却说，那些话至今记忆犹新。别吝啬对孩子的赞赏与鼓励，它可以救起一个人的自信、尊严和灵魂，也可以救起孩子背后的一个大世界。

许多家长说：“我知道应该多赞赏孩子，多鼓励他，可是，我的孩子不经夸，一夸就骄傲自满。”其实，这主要是因为你的赞美没有具体化，你只是笼统、模糊地说："孩子，你真聪明啊！"他也不知道自己到底是哪儿聪明，当然容易骄傲了。

而假如你具体地指出孩子聪明在哪里，那么，就会刺激他坚持这种聪明的举动。比如，你鼓励他说："你真有股钻劲，我发现，你在解应用题时总能想出第二种思路和方法。"那么，他以后在解应用题时，就会有意识地坚持多想出一种方法来。

对孩子的表扬越具体明确，孩子就越容易理解，并且重复这一好行为，从而养成一种终身受益的好习惯。比如，你的目标是要求孩子玩耍后自己收拾好玩具，尽管孩子从来不这样做。但有一次她把一个玩具放进玩具盒里，表扬的时机就来了。"你把积木放进了玩具盒里，真不错。妈妈帮你一起把别的玩具收起来好吗?"孩子也会很高兴，也许会从此爱上收拾玩具乃至房间。好习惯就会越积越多，自然而然地会有一个好的结果，好的人生。

表扬的方式还要适合孩子的年龄阶段。对年龄很小的孩子，在口头赞美的同时，最好再给他一个亲吻、一次拥抱或者其他的身体接触；而大一点的孩子，表扬方式则可以含蓄一些，父母可以写一些小纸条夹在他的书里，或心领神会地向他眨眼睛，或竖起大拇指表示自己已经注意到他的好表现。家长可以不断尝试，留意哪一种赞美方式对自己的孩子更好。

同一个人在不同场合、不同时间表现是不一样的。通过多种比较，你将能更有效地进行表扬。

> 有一位母亲通过不同场合的比较来赞扬其孩子。我女儿以前睡觉总要抓住我的手，一到睡觉时就说："妈妈，手手。"这真成了我的一个负担。可自从入园后，我在老师那儿却了解到孩子在园里睡得很好，自理能力很强。于是我把女儿叫到老师面前，表扬了她在幼儿园的表现，然后将她在园里和在家的睡觉表现做了比较，并说："你在幼儿园睡得那么好，我相信你在家睡觉也不用摸妈妈的手了。"女儿马上表示她能做到。果然，当天晚上她就开始这么做了。

赞美及表扬是教育孩子的重要方法，在表扬孩子时，大人一般都要态度热情、表情亲切，孩子自然会感到很高兴、很兴奋，这种体验可以加深孩子对成功本身意义的认识，并且愿意在以后继续这么做。当你想要表扬你的孩子时，不妨试一试以上绝招，也许会给你和孩子带来一份意想不到的快乐。

韩国电影《悲怆》中才华横溢的女钢琴家因为长期得不到教授丈夫的欣赏和赞美而红杏出墙，当丈夫悔悟并原谅她时，无法回到昔日的她选择跳楼自尽，丈夫则悔恨终生。

在男女关系中，表扬是增进感情的绝佳途径，但男人们在这方面显然还不够聪明，他们要么好的方面不说，要么讽刺打击，要么敷衍了事……许多家庭危机也随之降临。

女人是感性的动物，男人对女人的微笑和赞美是对女人最好的激励。丈夫的挑剔、指责、埋怨，常常使女人望而生畏、心灰意冷：炒菜怕丈夫嫌难吃，不敢做；买衣服怕丈夫嫌难看，不敢买。久而久之，就没有了做饭、买衣的兴趣，谁愿意干费力不讨好的事儿呢？

其实女人的心肠最软，经不得几句好话。丈夫一句真心的赞美，就能让妻子做饭的劳累跑到九霄云外；一句对新衣由衷的赞赏，就能让妻子欣喜若狂，甚至打消她继续购置新装的打算，为家庭节省不少开支呢。

一位婚姻面临破碎的女士试着把自己从女强人、高管的位置上撤下来，尽量去发掘丈夫的优点。起先，她感到很别扭，很不自然；慢慢地她发现了丈夫大有优点，而且越留神发现得越多，表扬也就脱口而出，结果赞美的“花籽”开出了绚丽的花朵：她的丈夫不再沉默寡言，不再是惹不起躲得起，不再频繁地“出差”和“加班”，他开始谈笑风生，做家务的积极性高涨，对妻子体贴有加，家里不再“乌云压城城欲摧”，而是雨过天晴，一派大地复苏、草长莺飞的明媚。

一束赞许的目光，一个会心的微笑，一个轻轻的拥抱，悄悄递上的一杯热茶，都是婚姻里爱的一种表达、一种延续。赞美与鼓励不仅是生活的巧克力，更是婚姻关系的黏合剂。

经过这样的训练，你的家人或身边朋友 90% 的缺点都可能转变成值得赞美的地方。所有的事情只在于你是否下定决心去做。

赞美的秘诀：该加的加，该减的减

在日常生活中，有一些赞美他人的技巧是非常简单却是非常实用的，如果能够经常恰当地使用这些技巧，一定会为你的人际关系的融洽度增色不少。例如，老百姓常用的“遇物加钱”与“逢人减岁”。

“遇物加钱”与“逢人减岁”是两种在语言交际过程中，针对人们的普遍心理而采用的投其所好和讨人喜欢的说话技巧。

遇物加钱

买东西是我们这些凡夫俗子再平常不过的一种生活行为。在我们的心中，能用“廉价”购得“美物”，那是善于购物者所具有的能力，虽然我们不可能都是善于购物者，但我们还是希望我们的购物能力能得到别人的认可。所以，当我们购买了一件物品后，如果自己花了100元，别人却认为只需60元时，我们就会有一种失落感，觉得自己不会买东西。但当我们花了60元，别人认为需要100元时，我们则有一种兴奋感，感觉自己很会买东西。正是这种购物心态的存在，“遇物加钱”这种说话技巧便有了用武之地。

例如，甲买了一双新款品牌运动鞋，乙知道市场行情，这双鞋四五百块完全可以买下。于是乙在品评时说：“鞋子不错啊，恐怕得五六百元吧？”甲一听就笑了，高兴地说：“你没想到吧，我花460元就买下啦！”

乙的说话颇具技巧性。他虽心里有谱，却佯装不知，故意说高鞋子的价格，使对方产生成就感，就易于讨得对方欢心。

当然，应用此法时也需注意两点：一是对商品的物价心里有底；二是不能过分高估，否则就收不到好的效果了。

逢人减岁

芸芸众生都不过是大千世界的匆匆过客。然而谁都希望青春永驻，不愿过早老去。因此，成年人对自己的年龄很敏感，尤其是女性。如果一位三十出头的女性被看作中年人，她能高兴吗？

由于成年人普遍存在这种怕老心理，“逢人减岁”就成了讨人喜欢的说话技巧了，即把对方的年龄尽量往小了说，从而使对方觉得自己显得年轻，保养有方等，进而产生一种心理上的满足。比如一个三十多岁的女人，你说她看上去只有二十多岁；一个六十多岁的女人，你说她看上去只有四五十岁。这种美丽的谎言，对方是不会认为你缺乏眼力，对你反感的，相反，她会对你产生好感，形成心理上的兼容。

当然，需要注意的是，“逢人减岁”这种技巧通常只适用于成年人（特别是中老年人）。对于幼儿或少年，用“逢人添岁”（年龄往大了说）的技巧效果会较好，因为他们有一种渴望长大的心理。总之，这里所说的语言加减法“遇物加钱，逢人减岁”，说白了就是迎合对方的心理，投其所好。只要我们的目的光明正大，这种“投其所好”，顶多是一种“美丽的错误”“无害的阴谋”“与人方便就是与己方便”，我们何乐而不为呢？

1. 赞美要恰如其分

赞美如煲汤，火候最关键。赞美对方恰如其分，恰到好处，会让对方感到很舒服；但赞美得多了，会过犹不及，使得赞美没有新鲜感，让对方吃不消。

那些后来非常善于赞美别人的高手，刚开始时，往往会犯这样的错误。比如，日本保险界的顶级推销员原一平就曾经因为赞美运用不当，与订单失之交臂。

一次，原一平到一家小公司推销保险。进了办公室后，他便赞美年轻老板："您如此年轻就当上老板，真了不起呀！在我们日本是不太多见的。能请教一下，您是多少岁开始工作的吗？"

"17岁。"

"17岁！天哪，太了不起了，这个年龄，很多人还在父母面前撒娇呢。那您是什么时候开始当老板的呢？"

"两年前。"

"哇，才做了两年的老板就已经有如此气度，一般人还真培养不出来。对了，您怎么这么早就出来工作了呢？"

"因为家里只有我和妹妹，家里穷，为了能让妹妹上学，我就出来干活了。"

"你妹妹也很了不起呀，你们都很了不起呀。"

就这样一问一赞，最后赞到了那位年轻老板的七大姑八大姨，赞得越来越远了。最后，这位老板本来已经打算买原一平的保险的，结果一份也没买。

后来原一平才醒悟过来，原来那天自己的赞美没完没了，让对方由最初的高兴变得不胜其烦了。

可见，赞美要拿捏得当，张弛有度，收放自如，才能让赞美发挥最大的功效，达到一本万利的效果。

2. 赞美要实事求是

真正的赞美，是有根有据的。如果言过其实或言不由衷，便会有阿谀奉承、溜须拍马之嫌，对方会觉得你油嘴滑舌、虚情假意。如果你见到一位其貌不扬的小姐，却偏要对她说"你真是美极了"，对方立刻就会认定，你所说的是虚伪至极的违心之言。但如果你着眼于她的服饰、谈吐、举止，发现她这些方面的出众之处并真诚地赞美，她一定会高兴地接受。

真诚的赞美不仅会使被赞美者产生心理上的愉悦感，还可以让你经常发现别人的优点，从而使自己对人生持有乐观、欣赏的态度。

一天，台湾作家林清玄去一家羊肉馆用餐，老板对他说："你还记得我吗?"林清玄说："记不起来了。"老板拿来一张20年前的旧报纸，那里有林清玄的一篇文章，那时他在一家报社当记者。这是一篇关于小偷的报道，小偷手法高超，作案上千次，次次得手，最后栽在一个反扒高手的手上。文章感叹道："像心思如此细密，手法那么灵巧，风格这样独特的小偷，又是那么斯文有气质，做任何一行都会有成就的吧!"老板告诉他："我就是那个小偷，是你的这段话引导我走上了正路。"如今，他开了好几家羊肉馆，成了那里颇有名气的大老板。

还有一例小偷被赞美诗感化的真实故事，发生在广州。

> 2006年10月，广州市一名"义贼"接连做出"异举"：他在偷了一位姓吕的老教授的钱包一个月后，将偷走的2000元钱寄回。又一个月后，"义贼"又写来了一封道歉信。内容如下："我（受）生活所迫，受人梭（应为'唆'）使，干了一段时间坏事，象（像）一只死老鼠。一个多月来我都很难受!"署名是"一个没有面目的人"。
>
> 原来，小偷被教授钱包中的一张名片上面的赞美乘车让座者美德的小诗感化了，其中一首诗的名字是《朋友，你做得真棒!》。"义贼"还称"用去的100多元日后还上"。

实事求是的赞美，就像是一剂良药，能够引导犯错误者矫正言行，改过自新，一心向善。

3. 赞美要发自肺腑

赞美必须是由衷的、发自肺腑的言语，不要用对方的语言去回赞对方。例如：

"你的手套很漂亮。"

"你的手套也很漂亮。"

这样的称赞听起来像在敷衍了事，好像自己是被迫要说一些好听的话作为回应。切记：称赞别人的时候千万不要有任何索取。如果你赞扬同事有头脑、有创造力，接着又向他借500元，那么你的赞扬恐怕会收到相反的效果。

第四章

不会说话？你就等着在职场碰壁吧

作为下属，善于为领导解围、打圆场，不仅能提高自己的工作能力，还能够获得领导更多的赏识和信任。

千万不要一张嘴就拆领导的台

通常情况下，我们都希望领导帮助下属解围，这几乎是人之常情。当处于工作矛盾焦点中的领导，同样也期盼下属能在关键时刻为自己解围。只是领导者的心理需求由于种种原因不便轻易表露而已。

作为下属，善于为领导解围、打圆场，不仅能提高自己的工作能力，还能够获得领导更多的赏识和信任。

慈禧太后爱看京戏，常赏赐艺人一点东西。一次她看完著名演员杨小楼的戏后，把他召到跟前，指着满桌子的糕点说："这些都赐给你，带回去吧！"

杨小楼叩头谢恩，他不想要糕点，便壮着胆子说："叩谢老佛爷，这些贵重之物，奴才不敢领，请……另外恩赐点……"

"要什么？"慈禧心情不错，并未发怒。

杨小楼又叩头说："老佛爷洪福齐天，不知可否赐个'字'给奴才。"慈禧听了，一时高兴，便让太监捧来笔墨纸砚。慈禧举笔一挥，就写了一个"福"字。

站在一旁的小王爷，看了慈禧写的字，悄悄地说："福字是'示'字旁，不是'衣'字旁的呢！"杨小楼一看，这字写错了，若拿回去供奉而遭人议论，岂非欺君之罪？不拿回去也不好，慈禧太后一怒就要自己的命了。要也不是，不要也不是，他急得直冒冷汗。

慈禧太后也骑虎难下，不知如何打圆场。

旁边的李莲英脑子一动，笑呵呵地说："老佛爷洪福齐天，她老人家的福自然要比世上任何人都要多出一'点'了，要不怎么显示出她老人家的高贵呢？"杨小楼一听，脑筋转过弯来，连忙叩首道："老佛爷这万人之上之福，奴才怎敢领呢！"慈禧太后正愁没法下台，急忙顺水推舟，笑着说："好吧，隔天再赐你吧。"

就这样，李莲英为二人解脱了窘境。这样的奴才岂能不讨主人喜欢？

一位叫曹磊的小伙子，是一家律师事务所的实习律师，他的领导在业内算得上小有名气。有一次，他们接下了一个案子，对方聘请了一位比较厉害的律师做顾问，谈话中那位律师咄咄逼人，态度嚣张。曹磊的领导顾及身份，不好与他正面冲突。曹磊看出领导的郁闷，于是瞄准时机，抓住对方的漏洞，连连发问，把那位大律师问得哑口无言，他没想到会遇上这样的“初生牛犊”，觉得很没面子。

事情过后，曹磊的领导虽然有所埋怨，说他年轻气盛，没有处世经验。但心里却是满意的，毕竟给他争回了面子，还不需要他自己出面得罪人。从此以后，领导常常会将曹磊带在身边，因为如果碰上这种故意找茬、伤他面子的人，曹磊就会挺身而出，为领导把面子争回来。

看，这曹磊是不是很厉害？事事都能替上司着想，特别会为自己的领导争脸面。这样的下属，上司想不喜欢都难。

常言道：“疾风知劲草，烈火见真金。”若上司在公共场合遭遇尴尬，你能够及时而勇敢地站出来，为他解除尴尬、窘迫的局面，这往往会取得出人意料的效果：你会突然发现，原来比较一般的关系变得密切了；原来只是工作上的关系，现在增加了感情上的色彩；原来对你的评价一般，而现在一下子发现了你更多的优点，你原来的缺点也似乎得到了“重新解释”。甚至你会发现，你的晋升之日已经指日可待了。

在某日用品公司广告部供职的涂小姐，直接管理她的是广告部主任。主任虽然年近五十，却是一个非常有活力的人，经常和年轻下属打成一片。

涂小姐佩服主任的原因是，公司领导层在广告方面的“主旋律”趋向于保守，而主任却一直顶着压力坚持锐意进取。前不久，公司开始新一轮的广告战，广告的载体以公共汽车车身为主，图案是公司聘请的某香港歌星拍摄的。可是，当部分广告样印上公共汽车车身后，歌星的头部刚好在车窗位置。当车窗开启后，歌星的头和身子就被分隔了，远远看去非常难看。公司董事长对这次广告非常不满意，当着广告部员工的面狠狠地批评了主任。

在同事们都在一边旁观时，涂小姐挺身而出，主动承认广告策划是主任的意思，但是图案的大小和排列是因为自己的疏忽。当她承诺会在最短的时间内交出新的广告案时，董事长便没有继续斥责主任。刚才还灰头土脸的主任挽回了一点颜面，对涂小姐也是一脸感激。

后来，主任获得了升迁的机会，登上公司经理的位置。主任离开后，当即提拔涂小姐坐上了广告部主任的位置。

在上司最需要的时刻，挺身而出做他的“挡箭牌”，为他化解尴尬、窘迫的局面，会让他从内心接纳你，并心存感激。相反，如果只想着自己脱干系，那么你在这个领导面前工作的时间可能也就不长了。

某食品公司因为产生质量问题引起了社会公众的投诉，电视台记者闻讯赶到该公司采访。记者在公司门口遇到了经理助理，便向他询问情况。这位助理胆小怕事，害怕承担责任，就对记者说：“我们经理正在办公室，这个问题你们还是直接采访他比较好！”这下可好，记者们蜂拥般闯入了经理办公室，将经理逮个正着。经理躲也躲不开，又没有心理准备，只好硬着头皮一个人应付记者们的狂轰滥炸。

事后，经理得知助理不仅没有提前向自己汇报，还将责任全部推到自己这里，非常生气，不久就将助理解雇了。

这个教训值得我们深思，记者因产品质量问题采访，这对于公司及公司领导来说本来就不是什么光彩的事。此时，领导最需要的就是下属能挺身而出，甘当马前卒。不仅要面对记者讲明问题的原因，还要极力维护领导的面子和威信，而不应该将责任推到领导身上。

没有不会听话的领导，只有不会说话的员工

齐先生在一家公司担任人力资源部部长。因为工作努力，和员工关系又好，很受老板重视。

前不久，公司效益不佳，老板想缩减一下公司的支出，决定裁减新员工的培训费用，并且在几次会上透露了这样的想法，希望征求大家的意见。

人力资源部一直都在负责新员工的岗前培训，对于老板的想法，齐先生并不是很赞同。

员工的培训，就像新兵上战场之前要演练一样，作为一家销售公司，是必不可少的一部分，抽掉了这个环节，对于公司的长远发展是有百害而无一利的。公司在其他地方可以节省，但这一块是绝不能省的。

几个同事都劝他算了，不要去捅“马蜂窝”。因为他们老板的脾气很大，发起火来像火山爆发一样，很少能听得进去下属们的意见。虽然他表面上总是说希望员工们各抒己见、百家争鸣，可一旦有人对公司高层定下来的决策有不同意见，老板就很难接受，总觉得那是员工对公司高层的不尊重，并且是在否定他们的能力。

可此事关乎整个公司的前途，作为人力资源部的部长，即便可能会遭白眼，也一定要设法让老板改变主意。

齐先生知道老板常去一家健身房，一天下班后，他假装与老板偶遇，天南海北地闲聊起来，没谈多一会，老板就说出要裁减新员工培训费用的事，希望他弄个方案出来。

齐先生觉得时机到了，就用开玩笑的语气说：“新员工做业务，也和年轻人谈恋爱一样，不管有钱没钱，总得有个过程：吃吃饭、看看电影、送送花的，要是一见面，就直奔主题，那只能是一夜情，成不了夫妻。”

老板笑了起来，明白了这个道理。见他心情较好，齐先生又详细地介绍了一下几个竞争对手的情况，重点强调他们如何重视培训，便把话题扯开了。

结果没过多久，在一次会议上，老板就宣布取消裁减新员工培训费用的计划。

所以，如果直接跟老板说不赞同他的观点，那极有可能会惹恼他，他非但听不进去，还可能来一次激烈的爆发，让自己碰一鼻子灰。

而在玩笑间委婉地表达自己的观点，既让老板感觉到对他的尊重，又让他感觉到：我们之间大方向是一致的，只是在具体问题上的看法不一样。之后，便能和老板在轻松的气氛中进行沟通，效果自然很好。

卡耐基在《人性的弱点》一书中提出，每个人都会犯错误，每个人也都有自尊心，有些问题不必采用直接批评的方法，相反，采用间接的方法来指出问题，有时效果反而会更好。

领导也是普通人，通过迂回的办法去表达自己的反对意见，并力求使领导改变主张，是十分奏效的。你无须过多的言辞，无须撕破脸面，更无须牺牲自己，就可以说服上司接受你的意见。

怎么说要比说什么更重要

“经理经理，不好了，A 客户刚才打电话说，他们今年不想和我们继续合作了，想找一家新的供货商合作，这怎么办啊？真要这样，我们会损失四分之一份额的！”

如果你是那位经理，当时正与一位重要客户联络感情，宾主尽欢之际，突然冲进来这样一位员工，气喘吁吁地告诉你这样一个消息，你立在当下做何感想？

也许你在还没有被这个坏消息震惊前，先被这位员工的举止惹恼了。得承认，不是你修养不够，实在是这位员工行事太没眼色，太不会说话办事了。

转换角色，让我们做回一个员工。面对坏消息时我们该如何得体地向老板汇报，才不至于让坏消息蔓延，殃及自身？或说得更有人情味些：如何汇报坏消息，才能减少它对老板的冲击？

俗话说得好：怎么说要比说什么更重要。面对坏消息，如果我们能以一种相对委婉的表达方式将它传递出去，或许对听说双方都会有利无害。比如上面那个消息，如果这样说也许会更好：

“经理，客户那边刚刚出了点状况，A 客户打电话过来说……”

这里的措辞用的是“状况”，而不是“麻烦、问题”一类激烈的言辞。技巧在于弱化了消息的负面刺激，给上司一个缓冲情绪的时间。如果再配合你本人镇定自若的语调，泰山崩于前而面不改色的神态，上司会更高看你一眼。而如果你在表达中再多用一些诸如“我们”一类的字眼，表明你和领导是站在同一立场上，急领导所急，想领导所想，领导也许真的会将你当成自己人呢！

当然，我们提倡在领导面前委婉地表达坏消息，并不是说你要在领导面前兜圈子、捉迷藏，说了半天还让对方一头雾水。最佳的表达方法应该是清晰、委婉。

带着你的建议一起说。有人说：好的上司最痛恨两种人，一种是整天只会讨好的马屁精，另一种则更被他所痛恨，那就是只会将问题丢给上司的下属。

所以，当你有坏消息要向老板汇报时，能否以你的能力所及，考虑一下解决麻烦的相应对策？以你自己对公司的了解，以及对目前情况的分析，怎样处理这个问题最好？这样就可以在说出坏消息的同时，给领导提供一套可行的处理方案，或提供一些有利于解决问题的可靠信息。如果正好你是这个问题的专家，那就更是责无旁贷了。你有责任向领导提供可行的解决问题的步骤，顺便不要忘了让领导知道，有些地方你非常需要他的帮忙，没有他的支持这件事绝对搞不定。

把握开口的时机与场合。如果坏消息不是急于马上让领导知道，那么就选择一个合适的时机对他说。最好是在私下，没有其他人在场时说，让领导有个心理准备。

另外，如果老板刚好心情不佳，这时你最好不说话为妙。否则老板正找不到出气筒，你却主动投怀送抱，他也就只好顺水推舟喽！

如果你是企业中一位以处理问题为工作内容的员工，掌握上面的这些沟通原则或技巧尤为重要。记住，要将你的领导当成你的朋友、家人，真心为他着想，不要总拿坏消息刺激他，试着把坏话说好，急话说慢；不要因为你要集中处理问题，就让别人觉得见了你就没好事。这样只会创造不良氛围，于人于己都不利。

对上司也要学会拒绝

不知道你遇过这样的事情没有？上司突然叫你做一件难度很高的工作，或者请你拜访客户时“顺道”帮他买些杂志。是答应还是拒绝呢？

答应下来吧，可能要连续加几个晚上的班才能帮完这个忙，或者为了买他指定的杂志，你得多花半个小时，绕个大圈才能回到公司。可是你又不能说拒绝，因为你不想给上司留下不好的印象，但是如果你一直答应着，那么麻烦的事情可能就会接踵而来。

有一次上司请大家一起吃蛋白粉，有一个叫晶晶的女孩提到她的妈妈恰好能以比较便宜的价格批发。上司很感兴趣地叫晶晶帮着带。开始时是一包两包，后来，同事的亲戚、朋友，也都托她带，一段时间里，晶晶好像成了蛋白粉义务销售员，常常拎着大包小包去上班。几次之后，妈妈嫌麻烦，不愿意再带回家。晶晶只好直接从妈妈单位取了再送去公司。现在，买蛋白粉成了件麻烦事，可每次推托的话到了口边，又都咽回去了。

还有个女孩也遇到了晶晶这样的麻烦。第一次上司说要交手机费，但是一直忙得没有时间去交。而交手机费的银行却正好在她上班的路上，于是她决定帮上司交一次手机费。没想到上司每月都要她帮着交手机费、电费、煤气费、水费，等等。麻烦一点也就算了，问题是，每次交费，还要替上司垫付一部分钱。有一次，上司出差很长时间，暂时需要她垫付，可是她只是一个刚工作的员工，哪里有那么多钱来周转？

这样的事情真是太多了！你可能会如此想："我是新人，我多做事，总可以挣得正面的印象分吧。"还有一点就是，"艺术地拒绝别人，很伤神的，还不如有求必应更省事，也能挣得一个好人缘"。但问题是，这个好人缘对你的事业发展有没有用？在你心甘情愿地陷入大量事务性的工作之后，上司对你的印象竟然是：他乐于做这些事，可见他身上有一种"保姆情结"，缺乏创意和个性的。你是不是要大喊冤枉？

作为一个下属，要对上司说"NO"是需要勇气的，不过，就算你有勇气，没有策略也是不行的。

怎样才能做到不仅拒绝了上司，而且还让上司心服口服呢？直接解释不得不推辞的理由。

虽然你很荣幸，老板看得起你，相信你可以完成不可能完成的任务，但是不断堆积的工作，事实上会妨碍工作的正常进行。要对付这种奴役型的老板，千万别强调庞大的工作量如何影响了你的私人生活。

比如，你不应该说："因为你给我的工作太多了，我错过了我父亲的六十大寿和我的大学同学聚会。”相反地，应该将重点放在他的管理风格对公司会造成什么影响上。

比如：你的手边已经有了一大堆工作要做，上司却临时交给你新的工作，工作量可能很快就像滚雪球般大到无法控制。这时，你可以直接这样解释：“老板，能不能请您稍微缓一缓再继续安排任务？即使是最优秀的员工，也需要休息！我可不想为了速度而牺牲工作质量。”

或者你可以采取更为婉转的回绝方式：“老板，能不能请您告诉我，我是先做您安排的项目，还是先把明天会议的资料整理出来?”通过类似的提问，让他明白，应该区分工作的轻重缓急，免得盲目指挥，给下属工作带来不便。

如果你能这样恳切地与上司交谈，一般上司也不会为难你，反而认为你是一个工作很努力且认真负责的下属。

【用豪气拒绝上司】

口述人：雯雯（24 岁，秘书）

我是一名秘书，平时做的就是打字、整理文件之类的简单工作。但最近，上司总是带上我去参加一些他的私人饭局。

比如昨天，饭局上的人并不多，一共八个人，五男三女，其中老总居多。只有我是一名秘书，本来不想来，但是上司的邀请，我人在职场身不由己。

在饭局上我才知道，上司的社会交往圈多么“痞”，三四十岁的人了，还如此“不正经”。我一个小姑娘，实在不喜欢这种场合。

酒酣耳热之际，老总们兴致盎然，开始做游戏助兴：“一人说一个段子，说得不好罚酒。”段子讲到我那儿理所当然地卡了壳，我低着头讲了一个简单的笑话，周围嘘声四起：“罚！要罚！罚和她老板喝交杯酒！”本来我听段子就已经面红耳赤，此时一听“交杯酒”脸涨得更红，腾地站了起来：“我有男朋友，老板有太太，所以我不能喝这杯交杯酒。你们罚喝酒，我喝就是了！”说完，从服务员手里抓过酒瓶，倒满，一饮而尽。那是我平生第一次喝那么多酒。

回到家，我跑到厕所吐得一塌糊涂，真是难受得想哭。

第二天，老板把我叫到办公室，和蔼地抛给我一句话：

“不错，昨晚的表现虽然幼稚了点，不过还蛮豪气，后天我还有一个应酬，给我安排一下。”

我忍无可忍，果断地说：“老板，我想这不在我的工作范畴内，如果您还要我去参加那些应酬，对不起，请您另请高明吧。”

上司一愣，笑了。

从此以后，我的生活风平浪静，我依然本分地做着自己的工作。我想，工作与私生活是两个概念，我应该坚持自己的原则。

【对规定的工作期限提出异议】

如果领导为你定下“疯狂”的工作期限，你只需解说这项工作内容的繁重，并举例说明同样的工作量需要领导规定限期的几倍，给领导一定的考虑和决断时间后，再要求延期。如果限期仍旧铁定不变，那么你也可以请求领导聘请临时员工。此时，领导可能会欣赏你的坦率，你也可能会被认为既对完成计划有实际考虑，又对工作有一种积极的态度。不少领导都表示会晋升那些能准确评估完成工作时间的员工。

【从困难一肩挑到用事实拒绝】

“什么事情交给 Tina 我就放心了。”Tina 进公司三年，这是老总常挂在嘴边的话。开始 Tina 很高兴，但时间一天天过去，交给她的任务越来越多：

Tina，这个方案你盯一下；

Tina，这个客户恐怕只有你能对付；

Tina，杭州的那个项目人手不够，你顶一下。

老总为某事抓狂时，必会打开房门大叫 Tina。

Tina 手里的事情多到了加班加点也做不完，眼看再这样下去身体就要透支了。可周围很多同事闲得两眼发呆，薪水却并不比她少几分。Tina 想，也许再忍忍就会有升职的机会，然而机会一次次走到跟前就拐了弯。后来 Tina 从人事部的一位师姐口里得知，关于她升职的事中层主管会讨论过 N 次，每次都被老总挡了，说什么 Tina 虽然业务能力不错，但管理能力不足，需要再锻炼锻炼。“你想想，如果你升职了，他上哪儿找这么任劳任怨的万能胶？”师姐说。

Tina很气愤，回家和老公抱怨。老公居然说，如果我是你们老板也不会升你的职，一个不懂拒绝的人怎么去管理别人？Tina仔细想想，竟觉得有几分道理。

老总再次给她加工作量时，Tina鼓足勇气说："我手里有三个大项目，十个小项目，我担心时间安排不过来。"老总的脸立刻变了，好像非常失望："可是，这个项目只有你去做我才放心。""那好吧，我赶一赶。"说完这句话，Tina恨不得咬掉自己的舌头。看到老总拉下来的脸，一个大胆的念头突然冒了出来："不过，要按期保质完成，我需要几个帮手。"Tina轻描淡写地说。老总惊讶地看着她，终于笑着说："我考虑一下。"

Tina知道如果给自己派助手相当于变相升职，老总不会轻易答应。但如果他不答应这个条件，也就不好把新任务硬塞给自己。

果然，老总再没提加新任务的事，对她也破天荒地关心有加。毕竟他不想担一个虐待下属的名声。

"会哭的孩子有奶吃"是职场定律。

Tina没有大张旗鼓地拒绝老总，而是委婉地摆出时间和精力上的困难，让老总明白自己既不是超人也不是傻瓜。这样做，既顾全了老总的脸面，又保全了将来加薪升职的机会。

【利用集团力量掩饰自己的拒绝】

如果你被领导委派完成某件事，其实很想拒绝，但又说不出口，此时，你不妨拜托其他两位同事与你一起去领导那里。这并非所谓的三人战术，而是依靠集团的力量来掩护你拒绝的目的。

首先，商量好谁是赞成的一方，谁是反对的一方，然后在领导面前讨论。等到讨论片刻后，你再出面说："原来如此，那就太牵强了。"而靠向反对的一方。

这样，你不必直接向领导说"不"也能表明自己的态度了。这种方法会给人一种"你们是经过激烈讨论后才下结论"的印象，而包括领导在内的所有人都不会有一方感到受了伤害，领导也会很自然地放弃对你的命令。

【不攻自破】

丰臣秀吉是日本幕府时代权倾朝野的摄政大臣。一人之下，万人之上。没有人敢对他说个“不”字。

有一年，大阪城下的松蘑大丰收。秀吉有一天突然心血来潮，命令下属准备一下，次日随他上山采摘松蘑。

这可让他的一帮部下急坏了。因为当时城外的野生松蘑早就被农民采光了！若是采不到，老虎一发威，可不是闹着玩的。

下属们绞尽脑汁，终于想出了一条计谋。他们到附近村落里紧急收购了一批松蘑，并连夜悄悄地把松蘑埋在地上，就好像是野生的一样。第二天一大早，丰臣秀吉便带着下属们来采松蘑了。

“啊呀，这蘑菇真好。真没想到现在还有这么好的蘑菇！”秀吉赞叹道。

“其实这蘑菇是他们怕您采不到而降罪，昨晚连夜插上去的。”其中一个下属趁机告密。

众人见状吓得魂飞魄散，以为难逃一死了。丰臣秀吉点了点头，叹了一口气说：“我本人也曾当过农民，怎么会看不出其中的蹊跷。大家为了我而辛苦了一夜，这份苦心，我又怎么会怪罪呢？为了感谢大家，这些蘑菇就分给你们去品尝吧！”

面对这个没人敢说“不”的人物，聪明的下属们巧用心机，让他自动放弃了自己不切实际的需要。属下的行为，使丰臣秀吉明白了属下的一片苦心。这份苦心又是对丰臣秀吉无声的赞美，赞美他拥有的权力和地位。他有支配下属生死的地位，他们不择手段地满足自己的愿望。想到这些，丰臣秀吉自然会在心理上产生满足感。

所以，当你的上司向你提出了你不可能做到的要求，只要你做出竭尽全力为他的要求忙碌的样子，领导一般都会发现自己的要求过分了，而主动放弃它。虽然你拒绝了上司的要求，但同样会博得他的好感。

我们的一生，都是在不断拒绝中度过的。但若拒绝不是采用合适的方法或相应的技巧，就可能会给对方造成伤害，甚至引发怨恨和不满，最终导致人际关系破裂，让自己陷入被动的麻烦境地中。

【以请假的形式拒绝上司】

27 岁的沈璐是某外企市场部的副经理，聪明能干。

上司每次约见重要客户都要带着沈璐，俨然成了公司里有名的“义务交际花”，因为她是最漂亮，并仍旧单身的女孩。这种应酬最直接的后果是，沈璐经常被一些真心或假意的男人骚扰。烦的是上司还要发话：“这是重要客户，不可得罪。”很多时候，沈璐都忍受着，不知道该如何拒绝上司，该如何拒绝客户。

一次，沈璐认识了一位35岁的“钻石王老五”，“王老五”似乎对沈璐很欣赏，频频向她发出私约邀请。出于不可得罪的规矩，沈璐随叫随到，不想“王老五”一根筋，认准沈璐的不拒绝是默认接受。其实“王老五”人是不错，只可惜不是沈璐喜欢的类型。可是“王老五”的爱情攻势日见猛烈，在工作上还有求于人，沈璐不禁进退两难。

终于有一天，可怕的时刻到来了。“王老五”买了一枚昂贵的戒指，突然向沈璐求婚了。

“我有男朋友了。”沈璐冷静地盯着他说。

“我问过你们老总，他说了你没有。”

“我现在想以事业为重，不想谈恋爱。”

“没关系，我很有耐心，我们可以慢慢相处。”“王老五”死心不改。

沈璐想来想去，这个事情要和上司好好谈谈。

沈璐是这样对上司说的：“首先，我不是交际花，如果工作需要我去出席某种场合，我可以去，但是像这样的骚扰我不希望有，我希望您能尊重我的隐私，不要将我的私人情况告诉给客户。其次，这段时间我很累，我想好好休息，请给我三天假期，让我好好清静一下。”

上司看了看沈璐，微笑着说：“对不起！”

很多时候，上司并没有什么恶意。他也许真的只是想为你安排一段美好的姻缘，只是他并不了解你的需要。所以，一旦事情发生后，要学会使用一些技巧来拒绝上司，让上司明白，他的安排，你并不喜欢，也不需要。

【引用名言或俗语】

汉光武帝刘秀的姐姐湖阳公主丧偶后，看中了才貌双全的大臣宋弘。

刘秀想为姐姐撮合，他特意招来宋弘，以言相探：“俗话说，人的地位高了，就会改换自己结交的朋友；人富贵了，就会改换自己的妻子。这是人之常情吗?”

宋弘回答说：“我听说贫贱之交不可忘，糟糠之妻不下堂。”表示愿与原配之妻白头偕老。

宋弘告退后，刘秀对躲在屏风后面偷听的湖阳公主苦笑道：“皇姐，这件事办不成了!”

宋弘深知圣意，但他进退两难。答应了吧，就违背了自己的做人原则，也对不起贫贱相扶的妻子；含糊其辞吧，还可能招来更多的麻烦；直接拒绝吧，既不得体，又会冒犯龙意。所以，他就引用了一句古语来表态，委婉地表明了自己的态度。

【支援上司是不变的法则】

口述人：张欣（26岁，投资咨询公司经理助理）

我在目前这个单位已经工作三年了，不管是环境还是领导，以及周围的同事都令我非常满意。但是突然，我的顶头上司要调动工作了，他要离开公司，临走的时候请我喝茶。

他语重心长地说：“和你在一起工作非常开心，由你做我的助理我也非常放心，所以我希望你能跟我一起走，我们到新的单位更好地发展。”我知道我的顶头上司要去的单位比这里要好很多，不管是薪水，还是其他。但是我仔细想了想，我和上司的情况不同，上司是别人请过去的，而我如果去了，只是上司的一个附带品，别人未必会像对待他一样对我。而且进入一个新的环境，我还要重新融合进去，这是需要花费时间和精力的！而我不想离开已经相处了三年的同事，还有手中的这份工作。

但是，如果直接拒绝了上司，显然不好。虽然以后他不再是我的上司了，但是我依然要为他着想。于是，我想了想，说：“我也非常非常喜欢和您在一起工作，但是我和您不同，您的处事能力和思维能力，都是我望尘莫及的。再说，我对新的公司一点都不了解，您也不了解，我们两个生人在一起工作，起不到互补的作用。这恐怕对您的工作不利。”上司听了直点头：“也是，到时候就我俩一个办公室，我们都不熟悉业务和公司的运转情况，那该如何是好?”

我们俩都笑了，上司最后笑着说：“等我混好了，你想跳槽了，就来找我吧！”我也笑了。虽然我不知道上司说带我一起过去，是出于真心，还是在炫耀自己的跳槽。但是，支持上司、站在他的角度上考虑问题，是永远不变的法则。

不要以为上司比你官职大，就不需要你的支持。让上司感觉到你对他的支持，是对他工作最大的肯定，也是对他尊敬的最好体现！

上述的例子提示我们：对上司说“NO”，该张口时别犹豫。只要你遵循：委婉，不伤及上司的自尊与威信；巧用事实进行暗示；适当场合正面提及，言辞恳切，多为对方着想，这些准则，你就一定能让自己走出职场中的尴尬地带，快乐地与上司共事。

谈钱其实一点也不尴尬

金融危机时，众多职场人难免“薪”情不好，加薪无望，保薪较难，薪水普遍下调，甚至还有些中高层员工请求自降薪金以避免出现在裁员名单上，那时候要是跟老板提涨工资，肯定是第一个被开的“螃蟹”。但现在经济有所回暖，公司效益也有所好转，趁老板心情变好，得到加薪是有可能的。不过，如何开口，恐怕10个人有9个不知道。

对于一个期望获得加薪的职员来说，有几件事情是必须搞清楚的：

A. 到底这家公司的发展，是否有值得自己继续待下去的价值；

B. 有比这家企业更适合自己发展的地方吗？如果一走了之，是否会有一个比现状更好的未来？

C. 倘若提出加薪被拒绝，是否会死心塌地为公司继续埋头苦干？

考虑清楚之后，你还要知道，谁是最适合提出加薪的对象？是对你的业绩了如指掌的上级，还是最懂得老板心意的老板助理，抑或是把控着公司人才进出的人力资源总监？了解好自己的工作定位，找准关键人物，无论什么时候，都是获得加薪的关键。

加薪的成功，是一种双向的成功——让老板与员工皆大欢喜，是最理想不过的结局。但世事往往不会那么完美，不是每个提出加薪的职员，都会获得老板应允的，有可能是综合表现没有达到他的要求，有可能是公司这一年的效益平平，甚至不过是提出加薪要求的那天，老板的心情欠佳……都有可能让加薪的愿望落空，那么，希望以下的加薪策略能让你获得启迪。

1. 正确评估自己的价值

在跟老板或主管谈加薪前，要先衡量市场标准并做自我能力的评估，如个人的潜力与价值。不妨把条件订得严苛一些，免得自我膨胀。很多人都会希望以“没有功劳，也有苦劳”这类说辞来说服老板。老实说，如果业绩、考绩不好，要想加薪，难于登天。所以，要求加薪之前，一定要确定自己是否有了超水平的表现。比如，回顾一下，在最近的工作中，你有没有一些重大的失误或严重的表现不佳的行为被老板记录在案？你在公司的资历怎样？你在老板心中的分量重不重？你最近出色地完成了哪些项目？这些项目为公司带来了多大的利润？你认为你未来还会为公司做出哪些贡献？你的离去是否会为公司带来某种损失……在申请中，体现出这样的信息——涨薪是因为公司需要你，而不是你需要涨薪。

2. 向上管理

想要成为加薪达人，就要学会管理技巧。随时体察上意，你要随时给老板信心，清楚地告诉他，你要如何做，未来有何计划，以及将来会取得的成果。如果最后成绩远远超出预期，奖励自然会来。有些年轻人只会负面看待老板的想法，甚至在背后以调侃老板为乐，这对加薪或升职其实一点帮助都没有。

3. 提加薪的最挂时机

当老板沉浸在效益好转的喜悦中，或是他的家人有什么喜事而使他轻松愉快的时候，你向他提出适当的要求他就比较容易接受。

当你已经把跟老板要钱的技巧演练纯熟之后，就该行动了。医学研究证明人体内存在的生物钟控制着各种变动周期，如体温、食物吸收和激素水平等。有关专家推荐，上午10点是提出加薪的黄金时刻。因为此时，当吸收了早餐营养的血液从胃迅速流向大脑和身体其他部位时，人的警觉性和记忆力都非常好。

切忌：在企业业绩下滑、大幅削减员工奖金甚至冻结薪金时，要求老板加薪，这如同“虎口拔牙”，有点像痴人说梦。

4. 把握提加薪的适当场合

当老板正拿着上个月的报表在办公室大发雷霆时，你可能还什么都不知道；但是如果你明明看见会计师的报表被拧着扔出了办公室，还敢进去要求加薪。小心当场被轰出来！

时间选择好，此谓天时，还得选择地利。你可以选择：

(1) 年底业绩评估报告出来之后，如果你的业绩非常好，你完全可以趁热打铁找老板谈，而且态度要坚决。你可以说类似这样的话："我已经注意到我这个职位的平均月薪是5000元，考虑到我在过去六个月的业绩，我希望你能够重新评估我目前4000元的月薪。"

（2）选择老板表扬你的时候。在开年会时，或者在聚餐的餐桌上，老板可能会赞许地对你说"最近表现不错"之类的话。你可以半开玩笑半认真地告诉他：现在外面机会很多，如果你不留我，我可要走了。这样的话说上两三次，老板肯定会放在心上。

5. 提出合理的加薪理由

在要求加薪的理由中，什么也比不上实力和业绩更有说服力。谈加薪最忌讳"装可怜"，因为老板雇用你不是做慈善事业，他没有必要同情你的处境，他只在乎你能为公司带来多少贡献。

先来听听一位人力资源经理的话：

周一（周一是上班族最忙碌或者状态不是特别好的一天）早上，我收到一位员工 E－mail 给我的一份加薪申请。在谈到加薪的理由时，他告诉我，他的太太刚刚失业，随后附上他家中每个月的开销。告诉我，公司给的薪水不够开销，他希望公司能够考虑为他加薪。听了他的说法，我觉得很遗憾，因为员工的价值在于是否达到工作的标准，而不是他本人的需求。在良好的双向沟通中，员工应该向上司强调他的贡献和他所创造的价值。

听了这位经理的一席话，你得到的启发是什么呢？

的确，正如上面这位经理所告诫的那样：员工要想加薪成功，一定要有合理的理由。

聪明的员工懂得把谈话的重点始终放在自己的能力、业绩、工作态度……这些让老板感兴趣的内容上。这才是能够帮助你加薪的真正砝码。至于你要养家、买房、买车，那是你自己的事情，老板没有义务帮你这个忙。

所以，在把工作做到像给脸化妆一样认真后，你可以考虑从以下方面提加薪理由。

理由一：薪水不能体现自身价值。

当你的老板听到这样的理由时，他在心里会这样想：自身价值？你的自身价值是多少？你对公司的贡献真的做得够多吗？你能用数据来证明你所谓的"价值"吗？你真的认为自己是无可替代的"the one"？你做到"开源"还是"节流"了？你为公司创造了多少财富？

这个时候，你可以不慌不忙地向老板亮出你的"硬指标"，而且一定要使用说服力强的数据和资料，证明自己的工作绩效或贡献。例如，你谈成了哪些项目？这些项目给公司带来的利润是多少？为公司缩减了多少成本？生产力提升了多少？在公司陷入困境时，如何做出成绩？在人力严重短缺的情况下完成了哪些项目？成功地化解客户的刁难、维护公司的利益等。让那些不能被轻易抹杀的努力，直截了当地呈现在老板面前，让他没有任何回旋的余地。

要拿出有说服力的业绩事实和数据，可以从两方面入手：

（1）注重日常积累，除了年终总结报告及日常工作报告，还应将自己对公司的贡献事无巨细地记录在案，整理成书面材料，充分展示出自己做了哪些工作；

（2）记录下在本职工作外所完成的额外任务以及相关的成果，以及这些任务为公司带来多少收益。

理由二：工作量加大，薪水却没有增加。

身兼两职的白领，几乎都有超负荷工作的经历。但有时候超负荷工作是完全不必要的——比如刚刚解雇了一名员工，经理要把他做的工作交给你——但他似乎忘记了同时把他的那份工资也交给你。

这个时候你可不能束手就范。这不是敬业不敬业的问题，年轻白领透支自己的身体为老板赚取利润，索取回报时大可不必脸红心跳。

当然，你不必急于马上表态，而应该是在忙碌工作一小段时间后再说为宜。

表态时不要扭扭捏捏，这样会让老板误解为“你根本不想兼这份差事”，留下拈轻怕重的不好印象。直接告诉老板：“我现在一人兼了两份工，非常劳累，希望能够有所补偿。”

有一点需要提醒朋友们注意的是：工作量的增加，不一定就代表你被委以重任。只有证明自己以更高效率且更有创造力的方式承担了分外的工作，在工作流程上精进，才能作为要求加薪的筹码。所以，你提供给老板的额外工作任务表，以及完成的时间表，都应该表明你是在高效有序地完成它们的。

得到的结果可能是：加薪，工作量不变；不加薪，减轻工作量；当然，也可能是既加薪又减轻工作量；又或者既不加薪也不减轻工作量。

无论怎样，这样的沟通都会使你的老板注意到，是你在做额外的那些事情。让他知道那个总埋在文件堆后面的你是谁。你不再仅仅是那个“小林”或“老王”。

当然，合理的加薪理由还有很多。你不妨先站在老板的位置上考虑一下，听到这样的理由，你会很乐意地为这个员工加薪吗？

6. 善开“金”口托人传话

向老板提加薪要求其实是一着险棋，弄不好就会因此而被“扫地出门”，或者即使没赶你出去，今后也会对你“另眼相看”。所以，善开“金”口是既不让老板对你反感又能让你腰包鼓鼓的前提。

作为一般员工，你可能不会与老板经常打交道，可以通过部门经理或老板身边较亲近的人帮你传达加薪要求。当然这里你需要把握一个度，即能替你传话的人一定是喜欢你、了解你、同情你的人。这样他在传话的过程中就能把话说得婉转些、圆通些，即使遭到拒绝，面子上也不至于太尴尬，因为你毕竟没有和老板正面交锋。

7. 选择跳槽

一般在公司的升迁上，要加薪20% ~30%并不容易。跳槽是可以达到大幅加薪的目的。另外，若有其他公司挖角，也是跟公司谈加薪的好时机。抓住老板的爱才心理，表达自己目前面临别家公司的诱惑，加薪的可能性的确很高。不过切忌作假，业界是互通的，搞不好弄巧成拙。

另外，不可拿跳槽作为加薪的威胁手段，如“如果您不给我加薪的话，我就离开”。在没有为自己预留了更好后路的情况下，很有可能让老板将错就错地批准你的离职要求，是一种赔了夫人又折兵的做法。

8. 集体力量

大家都觉得应该加薪的时候，毫无疑问，这时公司的利润如滚雪球般长大，老板赚得盆满钵满，但他很有可能“忘记”了职员的工资单也需要一些“适度的刺激”。

这个时候怨气郁结的你和同事们，大概觉得应该有所表示了。但问题是，采取何种行动，什么时候？

集体要求加薪的时机可以选在一场公司重大的活动结束之后。当老板邀大家共进晚餐时，不妨大胆向他传递足够清晰的信息：我们可不是一顿米饭就能打发的啊！

这种情况对付会忽悠的老板最为合适。

当然，天下没有白吃的午餐。若老板不答应你的加薪要求，先别垂头丧气，不要急着掉头就走。不妨放松心情，当场讨教老板“到底怎样才能达到加薪的要求？”

通过这种方式，老板如果能够真凭实据地列举你有待改进的部分，那你就谨记在心，及时改进，以作为下一次谈判的筹码。更主要的是，这样做的结果是将你与老板的沟通引入了更深一层，让他看到你确实是一个很上进的人，值得为你做一些相应的考虑；而作为你来讲，一旦清楚了自己的不足，明确了努力的方向，你就是在为将来的加薪播种成功的种子。

万一这样的深层沟通让你和老板相谈甚欢，他开心之余，虽然不能给你加薪，但是却答应给你提供新的职业发展机会；或以交通费、餐贴、休假、灵活的工作时间、培训、分红、股票期权等方式作为补偿。你可千万不要乐不可支地当场笑出声啊！

要加薪，除了你值得加薪以外，还要哄得老板开心。为此，你要针对不同性格的老板采取不同的面谈策略。

【开门见山法】

遇到讲道理、性格直率的老板，他很欢迎你跟他有一说一、实话实说。因为这有利于团队内部的有效沟通，从而降低管理成本和管理风险。对这样的老板，你完全可以在有充分理由支持的前提下，开门见山地亮出你的要求。

秦小姐毕业于北京大学，现在一家香港公关公司任职。毕业时，她的工作地点是北京，和当地消费水平相比，月薪算是很高了。但今年她被调到了香港总部，和香港同行相比，薪水就显得较低。秦小姐萌生了要求加薪的想法。恰逢本年度业绩评估报告出炉，秦小姐的业绩表现处于中上等，她决定抓住这个机会和上司谈谈。

在谈话中，秦小姐开门见山，直接表达了想要加薪的愿望。上司微笑着问："你准备怎样说服我？"

秦小姐摊开面前的第一份资料，上面记载着她进入公司以来的优秀表现和重大业绩。一一陈述完毕，秦小姐又打开一份自己自进入公司以来的工资变动曲线图。图表清晰表明，秦小姐的工资涨幅一直不大，明显低于同行水平。同时，秦小姐强调说，自从来到香港，自己又拿到了 MBA 学位，工作能力大有提高，薪水理应上一个台阶。

老板听罢，爽快地说："公司将继续观察你一段时间，如果的确在工作中表现出了比以前更强的能力，可以考虑加薪。"此后不久，秦小姐的加薪愿望就实现了。

【攻心为上法】

有的领导则并不习惯那种直来直去、张口谈钱的做法。他们更相信"说得好不如做得好"。对于这样的老板，你自然要用行动来打动老板的心了。

加薪秘籍：做好自己的事，并让老板看见！

口述人：Lucy（职位：销售经理）

说话温柔婉约的Lucy，很容易让人以为她是那种逆来顺受的职员，缺乏张扬的性格，凡事总持有保守的底线，然而让人没想到，对于加薪她却丝毫不见含糊。

对加薪的期待始于上班的第一天。

硕士研究生毕业之后，我过五关斩六将，如愿进入一家世界500强公司做销售。除了我，在同一天和公司签协议的还有一位已经工作一年的本科生。走出公司，闲聊中，我们不经意间交换了文本，看到其中的薪资待遇一项，我傻眼了：同样的工作内容，他的薪水竟然是我的Double。在我故作平静的表情下，不平的情绪汹涌：仅仅因为他比我多了一年的工作经验？

我深知，带着情绪工作是职场的大忌。于是决定化“委屈”为动力，拼命工作，以实力来证明自己的价值。三个月之后，老板主动为我加薪20%，这是我的第一次惊喜——尽管态度认真，尽力尽职，但是我认为自己并没有取得什么特殊的成绩。这次意外让我觉察到了老板的英明，也坚定了我努力的方向和信心。

学生时代，我就热衷于参与、组织、策划各种社团活动，与形形色色的人打交道，平衡协调各方面的关系和利益，是我的强项。这种优势，让我在销售领域如鱼得水。我所在的工作团队中有八个人，一年之后，我争取到的业务量占了整个部门的60%。这时，老板对我的关注度越来越高，我觉得主动找老板加薪的时机成熟了。

在和老板正式交锋之前，我还特意调查了一下市场行情，看看现在的我到底值多少钱。这个并不难，因为随着我的活动面和影响范围的扩大，经常有猎头公司找上门，我手头握有七个Offer。

和老板的谈判相当顺利，这次我的薪水涨幅是100%，我的工作态度和工作表现显然都证明了我的价值。当然，我没和老板提到有猎头挖我的事，我还没打算跳槽，不想以此吓他。

之后不到半年，老板再次主动给我加薪，涨幅已达

200%，我几乎每天都能接到猎头打来的电话。而薪水已不是我事业发展要考虑的主要方面了。由于公司组织机构有调整和个人发展的需要，在工作满两年之际，我跳槽到了同行业的另一家公司当销售经理。

从新人到骨干，一路走来，我最大的感悟是——身在职场要学会调整心态，升职加薪人人想，不公平事处处有，而工作态度和工作表现决定一切。加薪其实不需要多少技巧，只要你物有所值。一旦物超所值了，老板会珍惜你的存在，害怕你的离去，会主动加薪来留住你。

这种办法的好处是员工不必花过多的心思在工作之外，只要勤勉做事，并且恰如其分地让你老板看得见，赢得他的心，加薪的事自然会水到渠成。

【旁敲侧击式】

如果你没有勇气直接找老板谈判，不妨采用迂回战术。比如巧妙地将猎头公司正以双倍薪水挖你的消息送进老板耳朵。

王皓是公司里的业务骨干，被部门领导视为左膀右臂，虽然他拿的薪水要比同行的高，但他在工作中的付出太多了。

“我不满意目前的工资水平，现在我能做的要么是跳槽，要么是让老板加薪。”

于是，有一次，趁着和部门主管聊得非常开心的时候，王皓假装不小心说走了嘴，透露出有猎头公司想用高薪挖他。

结果没几天，老板主动找到王皓，提出给他加薪。

当然，用这种方法提加薪的前提是，你必须找到那个能帮你给老板敲边鼓的人，在提醒的同时，当然不忘向老板表达自己对公司的深厚感情。在感情与利益的双重诱导下，老板往往能让你如愿以偿。

【做好一辈子的薪水规划】

一辈子的薪资规划要像跑一场马拉松，在前面的路程，重点不是贪快，而是要为后面的路程蓄积能量。

前面的低薪过程，都是在累积取得高薪的基础。

事实上，在不同阶段中，应该设定不同的薪水目标。

假如一个人要工作30年，在工作的前20年，你得非常努力，可是赚到的钱可能只是一生收入的20%；但在最后的10年，赚的薪水可能是一生收入的80%，这就是职场薪水的80/20法则，也道出了薪水对于个人而言并不公平的本质。

因此，专家指出，长期来看，工作的第一个10年，应该是学习期，工作的第二个10年，是可以看到薪资明显攀升的成长期，而第三个10年，是可以望见个人薪资最高峰出现的收成期。这就是三个十年策略。

收成期绝非必然的结果，而是在前面的两个10年中，真能有学习、成长，做上去了，收入才会水到渠成。还在为现在的薪水而烦恼吗？不如先为你10年后的薪水好好思考吧！

【职场禁忌：上司玩笑开不得】

你喜欢对人开玩笑吗？职场的压力带来焦虑、心悸、失眠等不良情绪，同事之间相互调侃、开开玩笑，也许是放松自己、改善同事关系的一剂良药，但是在办公室这个无风还起三尺浪的地方，开玩笑可不是一般的事，弄不好玩笑成了“完笑”。有位朋友深有感触地说，办公室玩笑是人际关系的润滑剂，也是惹祸上身的导火索，开不开要因人而异，因场合而异。

在办公室这样说话很危险

春节前夕，员工们好不容易盼来了上司发的红包。欣喜之余，李洲涌现出一种强烈的好奇心，想知道同事们的红包是多少。

一天，李洲找刘谦借U盘使用。当时刘谦正埋头打字，便毫不迟疑地递给李洲一串钥匙说：“在中间的抽屉里。”李洲打开抽屉，首先看到的是一个红信封，上面赫然写着“年终奖5000元”。李洲心里特别不平衡：“我和他同时来公司，干一样的活，我的才2000块，凭什么他比我的两倍还多？”一时冲动，李洲就向老板表明了自己的不满。两天后，财务部部长通知李洲：“根据总经理的决定，从刘谦的红包里扣3000元给你，因为他泄露了公司的机密。”

后来，刘谦辞职了，李洲显得更孤立了，没有一个人愿

意和他说话。同事们那鄙夷的目光仿佛在唾弃他：你这个见利忘义的小人，你这个出卖朋友的叛徒！

常言道：祸从口出。在职场中，一定要知道哪些话可以说，更要知道哪些话不可以说。否则，一不小心踏进办公室的谈话禁区，就会惹出不快与事端。

1. 薪水问题可以交流吗？

回避薪水的话题。

很多公司都不喜欢职员之间互相打听薪水，因为同事之间的工资往往有不小的差别，所以发薪时通常都不公开数额。同工不同酬是老板常用的一种奖优罚劣的手法。它是把双刃剑，用不好就容易引发员工间的矛盾，甚至最终将矛头直指老板。所以，对“包打听”的人，老板都会格外防备。

有的人打探别人时喜欢先亮出自己，“我这月工资××奖金××，你呢?”如果他比你钱多，他会假装同情，心里暗自得意。如果他没你多，他就会心理不平衡了，表面上可能是一脸羡慕，私底下往往不服，这时候你就该小心了。背后做小动作的人通常是你开始不设防的人。

首先不做这样的人。其次如果你碰上这样的同事，最好早做打算，当他把话题往工资上引时，你要尽早打断他，说公司有纪律不谈薪水；如果不幸他语速很快，没等你拦住就把话都说了，也不要紧，用外交辞令（如“无可奉告”）冷处理。有来无回一次，就不会有下次了。

2. “加班的制度实在不太好。”

闲谈莫论人非。

即便老板泡小秘是公开的秘密，你也别插嘴，别人爱怎么说怎么说，你能不听就不听，能溜最好。人际关系很微妙，有人升迁，有人被炒。你不是老板，不知原委就免开尊口，至于谁是老板的亲戚你知道就得了，犯不上传扬或跟人背后嘀咕。

同样，有些话类似“公司福利不好”“公司老让加班，不给加班费”等，在同事之间，这种话说也白说，因为你不是老板。反而传来传去，被人添油加醋，一不小心传到老板的耳朵里，落得一个爱抱怨的印象。

世上没有不透风的墙，老话自有道理。今天你和某同事说“小张能力不行，办不成事”，过不了两天话就传小张耳朵里了，你还不知情，就把人得罪了。对方可能从此记恨在心，说不定哪天你被人收拾了，哭都不知道为什么。

或者你跟一个要好的同事说怎么整治老板、如何偷懒之类的小伎俩，万一哪天他晋升了，成了你的顶头上司，又或者，你走运，成为他的主管，想一想从前说过的话，多少也会有点不自在。早知如此，何必当初?

3. “我刚换了一辆宝马……”

做个“含蓄”的人。

不是你不坦率，坦率是要分人和分事的，从来就没有不分原则的坦率，什么该说什么不该说，心里必须有谱。

就算你刚刚买了一辆宝马或利用假期去欧洲玩了一趟，也没必要拿到办公室来炫耀。有些快乐，分享的圈子越小越好。被人妒忌的滋味并不好，因为容易招人算计。无论露富还是哭穷，在办公室里都显得做作，与其讨人嫌，不如知趣一点，不该说的话不说。

4. 私人生活在办公室说好吗?

在办公室不谈私人生活。

无论失恋还是热恋，别把情绪带到工作中来，更别把故事带进来。办公室里容易聊天，说起来只图痛快，不看对象，事后往往懊悔不迭。可惜说出去的话，如泼出去的水，覆水难收。

把同事当知己的害处很多，职场是竞技场，每个人都可能成为你的对手，即便是合作很好的搭档，也可能突然变脸，他知道你越多越容易攻击你，你暴露的越多越容易被击中。

比如你曾告诉她你男友跟别人好了，她这时候就有说的了：“连老公都不能搞定的人，公司的事情怎么放心交给她?”职场上风云变幻，环境险恶，害人之心不可有，防人之心不可无。把自己的私域圈起来当成办公室话题的禁区，轻易不让公域场上的人涉足，其实是非常明智的一招，是竞争压力下的自我保护。“己所不欲，勿施于人”，如果你不先开口打听别人的私事，自己的秘密也不会被轻易打听。

千万别聊私人问题，也别议论公司里的是非短长。你以为议论别人没关系，用不了几个来回就能绕到你自己头上，引火烧身，那时再“逃跑”就显得被动。

5. “我的旧公司运作得更顺畅……”

别拿现单位和原单位比。

某公司的一位销售经理，上任后始终不能摆脱过去公司的“痕迹”，处处拿过去公司同现在公司作比较，尤其在公司会议上，每次总要不停地谈到过去公司的状况，“我们过去如何如何”几乎成了他的口头禅。公司员工当面不说，背后私下议论：“既然过去公司那么好，干吗跳槽过来呢？”可他全然不知，继续我行我素，以致其他部门的员工都知道他的这一“习惯”，引起了许多人员的不满。

无论比出个什么样的高下，老板都不爱听。如果你说“我原来的公司是大牌，那里的管理水平高，工作环境比现在好，效率比这里高……”老板肯定会立即拉下脸，扔下一句“那么好，你就回去吧”。即使老板不在场，同事其实也不爱听你回忆昔日荣光。每个人对自己供职的公司多少会有心理归属感，贬损公司，同事容易以为你也在看低他。

就算你说的都是事实，原来公司确实不错，毕竟你现在端的是新公司的饭碗，这么不忘旧好总是不近人情。但也别以为喜新厌旧就好，如果你在现老板面前大谈原先老板的不是，情况只会更糟。他觉得你今天能这么议论原先单位，下次就会这么说现在的单位。

6. 野心勃勃的话会对你有什么威胁？

野心可有不可露。

在办公室里大谈人生理想显然滑稽，打工就安心打工，雄心壮志回去和家人、朋友说。在公司里，如果你整天念叨“我要当老板，自己置办产业”等，这很容易被老板当成敌人，或被同事看作异己。大张旗鼓地告诉全天下人“在公司我的水平至少够副总”或者“34岁时我必须干到部门经理”，这无异于向同僚，乃至你的上司宣战。小心壮志未酬身先死！

野心人人都有，但位子有限。你公开自己的进取心，就等于公开向公司里的同僚挑战。僧多粥少，树大招风，何苦被人处处提防，被同事或上司看成威胁呢？做人低调一点，才是自我保护的方法。你的价值体现在你在工作中做出多少成绩上，能人能在做大事上，而不在说大话上。

不乱说话不等于不说话，一定要分场合。谈公司里的事情最好在比较适合、公开的场所，比如部门主管征询意见时，你不说就不妥，或者开讨论会时，该发言就不能闷着，老不说话老板会以为你没主意。

办公室是闲话的滋生地，工作间歇，大家很愿意找些话题来放松一下。为了不让闲聊入侵私域，最好有意围绕新闻、娱乐、影视作品、股票等大众话题，放得开而且无害。学习控制自己的“舌头”，因为说话没有“橡皮擦”，不能再把话擦掉。

打了巴掌别忘了给甜枣

不当众责备下属当然是最好了，但有些领导容易冲动，特别是看到下属犯了比较严重的错误时，可能按捺不住怒气，当众责骂起下属来。这就好像“丢了羊”一样。为防止继续“丢羊”，领导就必须立即采取“补牢”措施，使因一时冲动而产生的副作用减到最小。

后藤清一先生年轻的时候，在松下电器任厂长。一次，他没有经过松下的批准，就擅做主张将员工薪资提高，严重违反了公司的规定。松下知道以后大为震怒，立刻召见后破口大骂：“你什么时候变得这么了不起，你以为你是谁啊？要弄清楚，我才是老板！”松下越骂越气，一边骂，一边拿着火钳，猛敲取暖用的火炉，由于用力太猛，以致把火钳都敲弯了。

在场的松下亲戚都看不过去，挺身为后藤讲情，竟在松下一声“闭嘴”之后，也一块被骂了进去。由于骂得实在太凶，后藤恐惧地昏倒，被松下用葡萄酒灌醒。之后，松下把弯曲的火钳递给后藤，苦笑说：“你可以回去了，不过，这根火钳是因为你才敲弯的，所以在你回去之前要把它弄直。”

后藤急忙接过火钳，努力扳直。而他的心情也随着这敲打声逐渐归于平稳。当他把敲直的火钳交给松下时，松下看了看说道：“嗯，比原来的还好，你真不错！”然后高兴地笑了。事后，后藤回忆说：“听到老板说了这句话，那颗受伤的心立刻好了一半。”

后藤走后，松下悄悄地给后藤的妻子打了电话，对她说：“今天你先生回家，脸色一定很难看，请你好好照顾他！”

第二天一大早，松下就打电话给后藤说：“我没有特别的事，只想问你是否还在意昨晚的事。没有吗？那太好了！”据后藤回忆说：“听完老板打来的电话，昨晚被痛骂的懊恼霎时烟消云散，我紧紧握着电话筒，内心对老板佩服到极点。”

俗话说：“打一巴掌给个甜枣吃。”虽然“这一巴掌”不能轻易打，但既然“打”了，给或不给“甜枣”，效果肯定大不相同。丢了羊，再补牢便是一个不是办法的办法。

第五章

爱情是一场对口才和情商的双重考验

无论是西方还是东方，爱情的美丽就表现在，恋爱方式也是一种含蓄的美：表面平静，内在激烈；表面质朴，内在丰富。

撩妹第一步：夸到她心坎里去

最常见的赞扬方法就是表达直接的赞美。这种赞扬直接告诉对方你对他们的行为、外表和气质的哪些方面表示赞赏。然而，赞美一个人仅仅是夸他“你真棒”“你很漂亮”等等吗？这是远远不够的。当你这样赞美他时，他内心深处立即会涌起一种心理期待，想听听下文，以求证实：“我棒在哪里？”“我漂亮在哪里？”此时，如果没有具体化的表述，是多么令人失望啊！

一位外国朋友大山参加一对中国朋友的婚礼。

大山见到新娘后，很有礼貌地夸赞道：“新娘子真是太漂亮了！”

中国人一向比较内敛，于是新郎谦虚地说：“哪里，哪里。”

大山一脸愕然：“Every where?”他心想，“没想到笼统地赞美，中国人还不过瘾哦！”

于是，他用生硬的中国话说：“头发、眉毛、眼睛、耳朵、鼻子、嘴都漂亮！”

说完，大家哈哈大笑起来，婚礼在愉快的氛围中开始了。

这虽然是一则笑话，却能给我们以启示：当你赞美别人时，一定要在心里问自己一个“Where”（漂亮在哪里，好在哪里，我佩服他哪里……），然后回答这个“Where”，你的赞美一定会因具体化而触动对方，甚至产生神奇的效果。

一个中学生去肯德基买冰激凌时对服务员说：“姐姐，我们同学都说你给的冰激凌又大又好……”结果，那位服务员给的圆桶冰激凌多得快要溢出来了。

一个人在饭店吃饭，看到服务员端上来一盘精致的菜肴，禁不住赞美道：“这萝卜刻的牡丹花像真的一样！”此话传到了厨师那里，最后，那位厨师亲自出来，非要送他一个萝卜刻的孔雀，说是带回去，用水淋淋，能保存好几天。

这样的事例不胜枚举，我们来研究一下较为常见的几种赞美：

行为："你是一位好老师。"

外表："你的头发很漂亮。"

衣着："我很喜欢你的鞋。"

这样的称赞可以通过以下两种方式进行改进：

1. 具体

如果你毫无保留地告诉对方你的喜好，让他们相信你的话只适用于他一个人，而不是任何一个人，那么你的话就会更加有力，令人信服。例如：

行为："我喜欢你在我们练习的时候，亲自给每个人做辅导。"

外表："我觉得这个新发型让你的眼睛更加漂亮了。"

衣着："那双白色帆布鞋很配你的卡其色裤。"

2. 称呼对方的名字

人们认为，自己的名字是世界上最动听的声音，会对包含其名字的话语给予更多的注意。例如：

行为："何晴，我喜欢你在我们练习的时候，亲自给每个人做辅导。"

外表："何晴，我觉得这个新发型让你的眼睛更加漂亮了。"

衣着："何晴，那双白色帆布鞋很配你的卡其裤。"

这样具体化的赞美，可视可感，真实存在，对方自然能够由此感受到你的真诚、亲切与可信，更容易让对方接受你的赞美。

只有用心而认真地观察对方，才能说出他的优点，越具体表明你越关注对方。所以说，具体的程度与你关注的深度是紧密相连的。

【就这样以心相许】

一位已婚女子这样写道："我之所以会和现在的丈夫结婚，关键在于他的赞美用语。我知道自己并不是美女，我皮肤黑、身材直筒，但我对眉毛相当有自信，这也是我身上自己最喜欢的部位，而他就称赞我这个部位，说我眉形漂亮、眉色不浓不淡。虽然也有很多人称赞过我，但只有他的赞美最令我高兴，我也因此爱上了他。"

可见，真正打动人心的赞美，从延髓出发沿迷走神经穿颈静脉孔直接抵达第六胸椎左前方某个叫心脏的部位，出其不意，击中要害。这样不寻常的赞美方法，必定能使她以心相许。

【就这样赢得订单】

美国著名的图书推销高手乔恩·布朗曾经说过："我能

让任何人购买我的图书。”因为他拥有一条推销图书的秘诀：非常善于赞美顾客。

乔恩·布朗刚开始做图书推销员时，有一天，他遇到了一位非常有气质的女士。当时，乔恩·布朗刚开始学着运用赞美这个法宝。他向那位女士推荐自己的图书，但是，当那位女士一听到他是个推销员时，脸就阴沉了下来：“我知道你们这些推销员很会奉承人，专爱挑好听的说。但你遇上了我，这一套就不好使啦！我是绝对不会听你的鬼话的。你省省吧。”

乔恩·布朗并没有气馁，而是从容地脸挂微笑说：“是的，您说得很对，推销员是专挑那些好听的词来讲，说得别人头昏脑涨的，像您这样的顾客我还是很少遇到，特别有主见，从来不会受别人的支配。”

这时，细心的布朗发现，女士的脸已由阴转晴了。她问了他很多问题，他都一一做了回答。最后，乔恩·布朗开始高声地赞美道：“您的形象给了您高贵的个性，您的语言反映了您有敏锐的头脑，而您的冷静又衬出了您的气质。”

女士听了之后，开心得笑出声来，并很爽快地买了一套书籍。过了几天，她又购买了上百套书籍。半年后，她又给乔恩·布朗提供了一份价值几万美元的订单。

【最甜的西瓜】

西瓜是夏季最受欢迎的水果，但要挑到称心如意的西瓜着实不易。

杨伊是一位单身白领，看看她在论坛上给大家分享的挑瓜秘诀吧。

一天下班后，杨伊经过路边的一个水果摊，见那里的西瓜便宜了五毛，想买一个回去。她动手敲了两个，实在敲不出什么名堂，只好请卖瓜的老板帮忙。

她说：“你会帮我挑一个好的吧？”那位老板笑而不语，但是手在几个西瓜间开始挑。

杨伊有点不放心，说：“老板，你会帮我挑一个好的吧？很多老板，帮客人挑，其实都挑不好的，你应该会帮我挑一个好的吧？我在你这里买过橙子、菠萝之类的。”她大概连续说了六七句“你会帮我挑一个好的吧”，搞得那位老板都有点不知所措了，连续挑了六七个西瓜，才挑中一个给她。

瓜老板的眼光果然独到，杨伊买到的这个西瓜甘甜多汁，让人爱不释“口”，大呼过瘾。

一周后，杨伊再次来到西瓜摊前，想了想，然后说：“老板，你上次帮我挑的西瓜太好吃了，是我今年吃的最甜的一个西瓜，我觉得你挑得特准，这次再帮我挑一个更好的吧！”那位瓜老板听了，简直有点受宠若惊，手都有点抖了，一连拍了七八个西瓜，抬头对杨伊说：“姑娘，听你这么一说，我的手怎么也没准了？”结果挑了十来个西瓜，才挑出来，并说：“姑娘，如果这个瓜不甜，我给你换。”

当然，杨伊的愿望实现了，这个西瓜果然比上次还要甜还要好吃。因为，当这位老板听到“这次再帮我挑一个更好的吧”时，内心一定想着“无论如何也得挑个比上次还甜的”。

网友们透过杨伊的帖子学到赞美技巧，纷纷如法炮制，果然屡试不爽：有的老板脸上乐开了花；有的不厌其烦地观色听音；还有的掂掂手感……总之，他们要想尽办法证明自己挑瓜的高超手艺。

【一个鼓励可能成就一个天才】

一群小学四年级的孩子在叽叽喳喳地回答老师的问题，老师在黑板上写着：“雪化了是什么？”一个孩子站起来说：“雪化了是水。”另一个孩子站起来说：“雪化了是冰。”第三个孩子站起来说：“不对，雪化了是水蒸气。”每一次，老师都会回应给学生一个肯定的微笑。

这时，教室的角落里一只怯生生的小手慢慢地举了起来，老师鼓励她站起来回答，小女孩用稚嫩而怯懦的声音回答说：“雪化了是，是，是春天。”这一次老师回应的不只是肯定的微笑，还带领全班同学给了她热烈的掌声，小女孩那紧绷的小脸一下子舒展开来，露出了笑容。

是的，老师的一个鼓励可能成就一个天才。

【发现值得称道之处】

只要你愿意，你总能够在别人身上找到某些值得称道的东西，也总是可能发现某些需要指责的东西。这取决于你寻找什么。一位心理学家曾成功地改变一个被认为“不可救药”的儿童，他的方法就是善于发现他值得赞美之处。

孩子的父亲说：“这是我见过的独一无二的孩子，简直没有一点可爱的品质，没有一点。”于是，心理学家开始从孩子身上寻找某些他能够给予赞许的东西。结果他发现这孩子喜欢雕刻，并且工艺很巧妙，而在家里他曾因在家具上雕刻而遭到惩罚。心理学家便为他买来雕刻工具，还告诉他如何使用这些工具，同时赞美他：“你知道，你雕刻的东西比我所认识的任何一个儿童雕刻得都好。”不久，他又发现了这个孩子几件值得赞美的事情。

一天，这个孩子使每一个人都大吃一惊：没有什么人要求他，他把自己的房子清扫得干干净净，焕然一新。当心理学家问他为什么这样做时，他说：“我想你会喜欢。”

【赞扬能鼓励他人前进】

既然具体化赞美能收到如此奇效，那么，我们如何观察才能发现对方具体的优点，并以恰当的语言表达出来呢？

我们可以从以下几个方面入手：指出具体部位，说明特点。

这适用于对外表的赞美。比如，面带福相、气质儒雅、高雅脱俗、身材曼妙……我们可以从他的相貌、服饰等各方面寻找具体的闪光点，然后给予评价。

叶女士带着六岁的爱女去见别人介绍的钢琴老师，老师拿起小女孩的手仔细端详了一会儿，说：“您女儿的手指纤细，很美，很适合弹钢琴。”叶女士很高兴，当即就填写报名表，连钢琴班的具体情况都没问。

再看看一位成功的销售员自己推崇的“语言美容法”是怎样发挥神奇功效的吧。多年以前，他曾经拜访过一个准客户，这个准客户有一份金额很大很大的准单子，但是他脾气很怪异，“聪明绝顶”，像阿Q听不得人家说“光”“亮”一样，他也很忌讳别人谈到他的这个部位。准客户的“地方支持中央”的发型虽然梳得油光锃亮，但那却是他心中“隐隐的痛”。

这位销售员的一句赞美的话，至今还被当作培训教材。他对准客户说：“先生啊，我觉得你的头发真不错啊！”客户脸上已经有了愠色。销售人员接着说：“我爸爸也是这样的头发，但是怎么梳也梳不出你的效果啊。”客户哈哈大笑。

一位摄影师在为一名女模特儿拍照，女模特儿对着镜头有点紧张。摄影师在拍照前十几秒对她说：“小姐，你的耳朵真漂亮，我从来没有见过这么漂亮的耳朵。”

女模特儿平常被人夸的地方太多了，已经习以为常。但此时居然听到有人夸赞她的耳朵，以前连她自己都没有发现，她赶紧摸摸自己的耳朵。当她的手自然放下时，摄影师的快门已经按下去，抓拍到了女模特儿的完美瞬间。

摄影师在关键时刻赞美别人看不到的地方，这一招真是厉害！

【与名人相比较】

对于外表的赞美，如果能结合名人来做比较，效果会更好。社会名人和明星往往是大家喜欢甚至崇拜的对象，他们的知名度也比较高。如果你能指出某一个人的整体或某个部位像哪一位名人或明星，自然也提高了他的形象。

在上海某文化企业主办的一次培训课程中，来自北京的学员徐蕾和助理张萌，经过七天的近距离接触，彼此间消除了陌生感。以下是两位女孩之间的对话。

徐蕾说："此次课程让我受益颇丰，真的很感谢你们无微不至的服务。"

"谢谢你，很高兴听到你这么说。"张萌莞尔微笑。

徐蕾注视着她，突然说道，"呃，你的气质有点像美国的一位女明星。"

张萌惊讶地瞪大了眼睛，盯着她问："像谁?"

"嗯，大嘴美女，演《漂亮女人》那个……"她停顿了一下，继续说，"对，朱莉亚·罗伯茨！有没有人说你有点像朱莉亚·罗伯茨?"

张萌羞涩地笑了："谢谢！徐蕾，你是第一个这么说我的人。"

就这样，一个对对方优点的赞美，拉近了彼此的距离。当然，现在，她们已成为非常要好的朋友。

此种模拟的赞美方法简单实用，但有一点需要注意：如果那位明星漂亮或者帅气，你可以放心大胆地说某人的长相颇似明星；假如那位明星的长相有点"对不起观众"，你却非要说他俩长得像，那结果可想而知——令人难堪，哭笑不得。

譬如，有一位男士，无论容貌还是气质都与韩国一位著名演员非常相似。每次到饭店，初见他的服务小姐们，都会对他说："嗨，你长得真像韩国影星×××！"一般人听到这样的赞美通常会很高兴，但这位男士听了服务小姐的奉承后，原本不喜欢开口的他，变得更加沉默了。

服务小姐可能是半真心半奉承地说出那些话，但是，对方不予理会，她们也只有流露出诧异的表情。然而，这位男士的反应一点也不奇怪，因为她们的赞美并不得法。他了解自己的特点，就是容易给人以冷漠的印象。而那位韩国明星在屏幕上所扮演的多数是冷酷无情的角色。所以，如果说他酷似那位韩星，这哪里是在赞美，分明是指出了他的缺点。

其实，我们身上的优点才能，几乎全是别人帮忙发掘的。起初各种可能性与潜能是一排小荷初露尖尖角，他人偶尔注意到哪株，哪株就特别沐浴到了雨露阳光，慢慢地茁壮起来，茁壮到显眼，显眼到任何人都开始留意并夸赞，于是，这株就成了我们身上的最闪亮一点。

这样的例子并不鲜见，它就发生在我们的身边，可以信手拈来——被称赞穿衣有品位的男人，会更有品位；被称赞漂亮的孩子，会愈长愈漂亮；被称赞老来俏的女人，会越发不肯老越发俏丽；被称赞有魅力的女子，身边的异性会前仆后继……

赞美，就是这样又灵验又可随处取材的上等滋补品。

一位男士海拔不高，他跟女朋友说："你认为高大威猛的男人才有魅力吗？"他的女朋友很会说话："我认为男人最大的魅力在于他的聪明才智，'浓缩才是精华'嘛，你看潘长江、拿破仑、曾志伟都是精华！"该男士一定觉得女友可爱极了，发誓非她莫娶。

对一个能干的职业女性说："你越长越可爱了，站在公司门口像大一学生。"她准会乐晕了过去。

Joy 结婚数年，婚后先生常夸她："你最可爱了。"有时候会摸摸她有些婴儿肥的脸蛋，再夸她："胖乎乎的真可爱。"慢慢地，Joy 就顺夫意地更可爱和胖乎乎。

一位家教老师对家长说："你的儿子真聪明，我刚才给他做几道二年级的语文练习题，都做对了。"家长高兴地连说："是吗，是吗？儿子好棒啊！"被赞扬的这位一年级小朋友，喜不自禁地在女老师脸上献上猝不及防的亲吻。

列出事实，并给予具体的评价，就是向对方表明，你的感言发自肺腑。比如：

脑门大——聪明。

耳垂又大又圆——大富大贵。

你的头发好柔顺——看起来很有光泽！

笑容这么灿烂——像是从国际训练班出来的。

真的好年轻啊——你旁边的是你的女儿？怎么可能？

你果然是传说中的麦霸——有专业歌手的水平。

你的孩子真漂亮——完全遗传了妈妈的优点呢。

Jack，这是你第二个月销售额名列第一了，有什么秘诀吗？

……

看看，具体化的赞美，效果如此显著，一定要多加应用。

表达爱情的四种高级方法

“关关雎鸠，在河之洲。窈窕淑女，君子好逑……求之不得，寤寐思服。悠哉悠哉，辗转反侧。”的确，悄悄地爱上了心上人之后，既羞于向人求教，更恐“落花有意，流水无情”，爱在十字路口左右为难。

中国人比较含蓄，在表达爱意的时候，更注重含而不露的羞涩感。马克思也曾说过：“在我看来，真正的爱情，表现在一个人对他心仪的对象采取含蓄、谦恭甚至羞涩的态度。”

事实上，无论是西方还是东方，爱情的美丽就表现在，恋爱方式也是一种含蓄的美：表面平静，内在激烈；表面质朴，内在丰富。

上大学了，情窦初开的吴刚喜欢上同年级的一个漂亮女生。他绞尽脑汁，写了一封洋洋洒洒激情火辣长达万字的情书，其大意可归为一句：“如果你是嫦娥，我愿做猪八戒。”不一日，女生回信道：“我早就看出你的不良居心，你是在告诉我一句歇后语，‘如果你是嫦娥，我愿做猪八戒——调戏你没商量。’”吴刚的一腔热情不仅未能打动女生的芳心，女生反而被他的“轻浮”吓跑了。

爱情的表达方式多种多样，表情、语言、行为、文字等，古往今来大同小异。但在表达时，含蓄还是外露，冷静还是疯狂，深沉还是轻佻，却因人而异，效果有时也是大相径庭。

在求爱阶段，无论是通过交谈还是书信，在向对方表达爱慕之情时，都要态度自然、诚恳，姿态温文尔雅，语言恰如其分，行为端庄检点，不矫揉造作，不言语污秽，更要不得以下跪发誓甚至跳楼自杀的“逼爱”方式。否则，结果很可能会适得其反。事实上，不论东方人还是西方人，那些很有素养和水平的人在表达爱意时，都深知含蓄而耐人寻味的语言表达方式的巨大魅力。

巴甫洛夫是苏联杰出的心理学家。他32岁才结婚。如同他杰出的研究成果一样，他的求婚也别具一格。

1880年最后一天，巴甫洛夫还在他的心理实验室没回来。许多朋友在他家等他。天下着雪，彼得堡市议会大厦的钟敲了11下。一个同学不耐烦地说："巴甫洛夫真是个怪人。他毕业了，又得过金牌，照理可以挂牌做医生，那样既赚钱又省力。可他为什么要进心理实验室当实验员呢？他应该知道，人生在世，时日不多，应该享享清福、寻寻快活才是呀。"巴甫洛夫的同学里，有一个教育系的女学生叫赛拉非玛。她听了那个同学的话，站起来说："你不了解他。不错，人的生命总是短促的，但正因为如此，巴甫洛夫才努力工作。他经常说，在世界上，我们只活一次，所以更应该珍惜光阴，过真实而又有价值的生活。"

夜深了，同学们渐渐散去，赛拉非玛干脆到实验室门口去等巴甫洛夫。钟声响了12下，已经是1881年元旦了，巴甫洛夫才从实验室出来。他看到赛拉非玛，很受感动，挽着她的手走在雪地上。突然，巴甫洛夫按着赛拉非玛的脉搏，高兴地说："你有一颗健康的心脏，所以脉搏跳得很快。"赛拉非玛奇怪了："你这是什么意思？"

巴甫洛夫回答："要是心脏不好，就不能做科学家的妻子了。因为一个科学家把所有的时间和精力都放在科研工作上，收入又少，又没空兼顾家务。所以做科学家的妻子，一定要有健康的身体，才能够吃苦耐劳、不怕麻烦地独自料理琐碎的家务。"

赛拉非玛当即会意，说："你说得很好，我一定做个好妻子。"就这样，他求婚成功了。在这一年，他们结婚了。

生活需要爱情，爱情是令人迷恋的交响乐，那么恋人之间该如何表达爱情呢？当然，主要是靠语言来完善感情交流。爱情的表达本无定式，直率与含蓄，各有价值。恋人之间可以含蓄地表达爱情，就像巴甫洛夫那样。

含蓄地表达爱情，首先可使话语具有弹性，不至于对方一拒绝就没有挽回的余地。另外，这也符合恋爱时的那种羞怯心理，易于掌握。可归纳为以下四种方法。

1. 暗示法

陈毅和张茜是一对情爱甚笃的革命情侣，早在20世纪30年代的戎马生涯中，陈毅对张茜就产生了一种超乎寻常的感情。为了暗示自己深切的爱慕之情，使这种感情能顺利发展下去，结出沉甸甸的爱情之果，陈毅苦心“经营”了一首诗《赞春兰》，送给了张茜（当时张茜的名字叫“春兰”）。

诗中这样写道：“小箭含胎初出岗，似是欲绽蕊露黄。娇艳高雅世难觅，万紫千红妒幽香。”张茜从这首诗中领悟了陈毅的深情，从此两个人确定了恋爱关系，这首《赞春兰》也就成了他们的“定情”之物。

在古代也有这样的故事，那就是大家所熟知的梁祝的故事。

梁山伯送祝英台回家，二人依依不舍，走了一程又一程，不知不觉来到十里长亭。祝英台看着路边荷花池中的一对戏水鸳鸯，想想就要和山伯分手，不禁触景生情，轻声说道：“梁兄，你看那鸳鸯成对又成双，英台若是红妆女，你愿不愿意‘配鸳鸯’?”此处，祝英台借助水中鸳鸯形象，含而不露地表达了自己对梁山伯的爱意。只可惜梁山伯是个“木头疙瘩”，任凭英台一路百般暗示仍是懵然不觉，白白浪费了英台的一片苦心，直至看到身着女装的英台，他才恍然大悟。

2. 寓物言情法

双方心迹都已清楚，但怯于直言不讳地向对方表达，可以选择一份寓意深长的小礼物送给对方，表达自己的爱意，这会在含蓄的基础上平添一种浪漫情调。当心上人的小礼物飘然而至，接受者的想象力便纵横驰骋，爱的奇迹就会出现。

几十年来久映不衰的美国爱情故事片《魂断蓝桥》，女主人公玛拉将自己心爱的象牙雕的“吉祥符”送给男主人公罗依，请看他们的几句简单对话。

玛拉（从车窗伸出手，手中拿着吉祥符）：“这个给你!”

罗依："这是你的'吉祥符'啊！"

玛拉："也许会给你带来好运，会的。"

罗依："我已经什么都有了，你比我更需要它。"

玛拉："你拿着吧，我现在不再依赖它了！"

罗依（接过"吉祥符"）："你真是太好啦！"

玛拉（对司机）："到奥林匹克剧院。"（对罗依柔情地）"再见！"

罗依（依恋地）："再见！"

玛拉和罗依是一见钟情的，这些对话虽然没有直言爱情，但从赠送"吉祥符"的对话中，双方都已含蓄地表达了爱慕之情。在玛拉死后，这个不起眼的"吉祥符"，多年来一直保存在罗依的身边，而且保存了一辈子，成为他们两人纯真爱情的象征。

马克思和燕妮青梅竹马，他的求爱方式也很别致。

一天黄昏，马克思与燕妮坐在摩泽尔河畔的草坪上谈心。马克思凝视着燕妮，轻声说："我已经爱上一个姑娘，决定向她求婚。"

此刻，一直深爱着马克思的燕妮不由一愣，她急切地问："你真爱她吗？"

"爱她，她是我遇见过的姑娘中最好的一个，我将永远从心底爱她！"燕妮强忍悲伤，平静地说："祝你幸福！"马克思风趣地说："我身边还带着她的照片哩，你想看看吗？"说着递给燕妮一个精致的小匣子，燕妮怀着忐忑不安的心情，小心翼翼地打开小匣子，里边装的只是一面镜子，其他什么也没有。镜子里面正好映着自己微微泛红的脸蛋，燕妮顿时恍然大悟，幸福地笑了，原来，被马克思所爱、所追求的正是她自己。

这一戏剧性的变化，既含蓄，又真实，让人从中领悟出爱情更深沉的魅力。当一方爱上了另一方并深知对方也爱自己，但又怯于表达时，采用戏剧性的表达方式，往往会产生极佳的效果。

3. 表示关心法

许多人都从自己的角度来表达爱情，如果采用从对方的角度表示关心，从而流露爱情，可以收到更好的效果。

鲁迅先生的《两地书》中，收进了他写给夫人许广平的许多信件，记载了这位文学巨匠表达爱情的特殊方式。如信中常这样写道："应该善自保养，使我放心。""你如经过琉璃厂，不要忘掉了买你写日记用的红格纸，因为已经所余无几了。你也许不会忘记，不过我提醒一下，较放心。"

这些关怀备至、体贴入微的话语，比起那种空洞无物的抒情、赞美之语，更加实在、暖心。在日常生活中，如恋人生日，为他（她）举办生日晚会；分隔两地的，给恋人订送玫瑰或巧克力，打电话，发短信，发电邮，祝贺其生日。种种向对方表达关爱的方式，都可以在一定程度上含蓄地表示爱情。

4. 表达感受法

如果你的心上人文化素质与领悟能力比较强，可以不显山露水，把你的情感若隐若现地蕴含在文字交流中，使他（她）有曲径通幽之感，感受爱情的神秘与甜蜜，很有意境。

在电影《阿飞正传》中，有一段很有创意的幽默情话：

在一个慵懒的下午，阿飞对着苏丽珍说："看着我的表，就一分钟。16号，4月16号。1960年4月16号下午3点之前的一分钟你和我在一起，因此你我会记住这一分钟。从现在开始我们就是一分钟的朋友，这是事实，你改变不了，因为已经过去了。我明天会再来。"这样酷的情话，相信没有几个人可以抵挡得了吧？反正苏丽珍没有抵挡住，下面是她的内心独白："我不知道他有没有因为我而记住那一分钟，但我一直都记住这个人。之后他真的每天都来，我们就从一分钟的朋友变成两分钟的朋友，没多久，我们每天至少见一个小时。"

例如说"我喜欢和你在一起"，就不如说"真的想和你一起慢慢变老，直到老得哪儿也去不了，我依然会把你当成我手心里的宝"。又如说"我十分想念你"，就不如说"亲爱的，最近我牙齿痛，因为常常晚上想你，那感觉太甜蜜了，会长蛀牙"。

含蓄表达爱情的方法各种各样，不能生搬硬套，而要根据具体人、具体情况来灵活运用。假如你的恋人是一位文化素养不高的人，你就不能采用写晦涩难懂的诗篇赠予对方的方法，以免引起不必要的误会。

我很喜欢你，因为你笑起来很好看

20年前的美国加州，曾发生一条轰动性新闻：有个路人把四万美金的现款给了一个六岁的小女孩，而这个路人同小女孩素不相识，并且大脑也没有什么问题。后来，小女孩在家人的再三追问下，终于若有所悟地告诉父亲："他好像说了一句话——你天使般的微笑，化解了我多年的苦闷！"原来，路人是个富豪，但过得并不快乐，平时他脸上一直是冷酷而严肃的，谁也不敢对他笑。当他遇到小女孩时，她那真诚的微笑使他心中感到温暖，打开了他尘封多年的心扉。

一个微笑价值四万美元！天哪，这在人们眼中简直不可思议，但这并不奇怪，因为世上最好的语言莫过于微笑，没有什么东西能比一个天使般的微笑更能打动人的了。

微笑有着神奇的魔力，它能够化解人与人之间的坚冰，微笑也是身心健康和家庭幸福的标志。

无论你在什么地方，无论你在做什么，在人与人之间，微笑是一种通用的语言，它能够消除人与人之间的隔阂。人与人之间的最短距离是一个可以分享的微笑，即使是你一个人微笑，也可以使你自己的心灵得到抚慰。

一旦你学会了阳光灿烂的微笑，你就会发现，你的生活从此就会变得更加轻松，而人们也喜欢享受你那阳光灿烂的微笑。

百货店里，有个穷苦的妇人，带着一个约四岁的男孩在转圈子。走到一架快照照相机旁，孩子拉着妈妈的手说："妈妈，让我照一张相吧。"妈妈弯下腰，把孩子额前的头发拢在一旁，很慈祥地说："不要照了，你的衣服太旧了。"孩子沉默了片刻，抬起头来说："可是，妈妈，我会面带微笑的。"每想起这则故事，心就会被那个小男孩所感动。

如果你在生活的照相机前也像那个贫穷的小男孩一样，穿着破烂的衣服，一无所有，你能坦然而从容地微笑吗？

面对着亲人，你的一个微笑，能够使他们体会到，在这个世界上，还有另外一个人和他们心心相连；面对着朋友，你的微笑，能够使他们体会出世界上除了亲情，还有同样温暖的友情；不费分文，微笑是通往全球的护照。

不仅如此，笑还是一种神奇的药方，它能医治许多疾病，并具有强身健体的医疗功能。

美国加利福尼亚大学的诺曼·卡滋斯曾患胶原病，这是一种疑难杂症，康复的可能性仅为五百分之一，而他就成为这个幸运的“一”。后来，他把当时的情况写在了《五百分之一的奇迹》这本书里：

“如果，消极情绪引起肉体消极的化学反应的话，那么，可以推测，积极向上的情绪可以引起积极的化学反应。可以推测，爱、希望、信仰、笑、信赖、对生的渴望，等等，也具有医疗价值。”

卡滋斯认为，笑具有惊人的医疗效果：“我的体会是，如果能够从心底里发出笑声，并持续10分钟，会产生诸如镇痛剂一样的作用，至少可以解除疼痛两个小时，安安稳稳地睡觉。”

你的笑容，甚至也能给你带来巨大的成功。

美国旅馆业巨头康拉德·希尔顿于1919年把父亲留给他的12000美元连同自己挣来的几千美元投资出去，开始了他雄心勃勃的经营旅馆的生涯。当他的资产奇迹般地增值到几千万美元的时候，他欣喜而自豪地把这一成就告诉了母亲。出乎意料的是，他的母亲淡然地说：“依我看，你和以前根本没有什么两样……事实上你必须把握比5100万美元更值钱的东西：除了对顾客诚实之外，还要想办法使来希尔顿旅馆的人住过了还想再来住，你要想出这样一种简单、容易、不花本钱而行之有效的办法去吸引顾客。这样你的旅馆才有前途。”

经过了长时间的迷惘和摸索，希尔顿找到了具备母亲说的“简单、容易、不花本钱而行之有效”四个条件的东西，那就是：微笑服务。

这一经营策略使希尔顿大获成功，他每天对服务员说的第一句话就是：“你对顾客微笑了没有？”即使是在经济萧条时期，他也经常提醒职工们记住：“万万不可把我们心里的愁云摆在脸上，无论旅馆本身遭受的困难如何，希尔顿旅馆服务员脸上的微笑永远是属于旅客的阳光。”就这样，他们度过了最艰难的经济萧条时期，迎来了希尔顿旅馆业的黄金时代。如今，他的“旅店王国”已发展到全世界，资产达数十亿美元。

中国有句古话：“人不会笑莫开店。”外国人说得更直接：“微笑亲近财富，没有微笑，财富将远离你。”一位商人如此赞叹：“微笑不用花钱，却永远价值连城。”美国许多企业或公司的经理宁愿雇用一位中学未毕业却有着迷人笑容的女职员，而不愿聘请一个不苟言笑的哲学博士。

全球零售业霸主沃尔玛有个“三米微笑原则”，它是由沃尔玛百货有限公司的创始人山姆·沃尔顿先生传下来的。山姆有句名言：“请对顾客露出你的八颗牙。”在山姆看来，只有微笑到露出八颗牙的程度，才称得上是合格的“微笑服务”。沃尔玛能够成为零售业的巨无霸，不仅与其低价策略有关，也与其一以贯之的服务水平有关。从这个意义上讲，其微笑背后的优质服务才是沃尔玛真正的竞争力。

经营服务业如此，其他行业又何尝不是如此呢？生活中遇到的一切烦恼，又何尝不能用你的微笑化解呢？

原一平是日本的一位保险推销员，才1.53米的个子，毫无气质与优势可言。在最初成为推销员的七个月里，他经历了很长时间的“颗粒无收”，没拿到分文的薪水。为了省钱，他只好上班不坐电车，中午不吃饭，晚上睡在公园的长凳上。但他依旧精神抖擞，每天清晨五点起床从“家”徒步上班。一路上，他不断微笑着和擦肩而过的行人打招呼。

有一位绅士经常看到他这副快乐的样子，很受感染，便邀请他共进早餐。尽管他饿得要死，但还是委婉地拒绝了。当得知他是保险公司的推销员时，绅士便说：“既然你不赏脸和我吃顿饭，我就投你的保好啦！”他终于签下了生命中的第一张保单。更令他惊喜的是，那位绅士是一家大酒店的老板，帮他介绍了不少业务。从此，原一平的命运彻底改变了。由于原一平的微笑总能感染顾客，他成了日本历史上最为出色的保险推销员；而他的微笑，亦被评为“价值百万美元的微笑”。原一平的笑容是如此的神奇，在给顾客带来欢乐与温暖的同时，也给自己带来了巨额的财富。

其实，何止是原一平，在这个世界上，每一个发自内心的微笑，往往都具有神奇的力量。

《小王子》的作者安东尼·德·圣埃克絮佩里不仅是一名杰出的作家，还是位优秀的飞行员。第二次世界大战前，他参加西班牙内战，打击法西斯分子，后来陷入魔掌。在监狱里，看守监狱的警卫一脸凶相，态度极为恶劣。想到明天自己就要被拉出去枪毙，圣埃克絮佩里陷入极度的惶恐与不安中。他想吸支烟，缓解一下面对死亡的恐惧。他摸遍自己的全身，竟然意外地发现了半截皱巴巴的香烟。

可他没有火柴，唯一的办法就是求助于窗外的警卫了。再三请求之下，铁窗外那个木偶似的警卫总算毫无表情地掏出火柴，划着火，给圣埃克絮佩里点上了烟。当四目相撞时，圣埃克絮佩里不由得向警卫送上了一丝微笑。这抹微笑如同鲜花般打破了他们心灵之间的隔阂。警卫在几秒钟的发愣后，嘴角不太自然地上翘，最后竟也露出了微笑，他突然发问：“你有孩子吗？”就这样，两人开始了交谈，谈到了各自的故乡，谈到了各自的妻子和孩子，甚至还相互传看了珍藏的与家人的合影。谈到高兴处，两人都会心地笑了起来，谈到伤心处，两个人都落下了眼泪。

泪水蒙眬中，警卫做出了一个出人意料的举动，打开牢门，悄悄地带圣埃克絮佩里从小路逃离了监狱。

一个平凡的人，就这样用一丝微笑打动了另一颗冷漠的心灵，创造了生命的奇迹。可见微笑是办事的绝好保证，谁又能够对真诚的微笑无动于衷呢？

热恋中的男女，“微笑恋爱”是爱情的升温器和催化剂。

电影《三笑》中秋香甜甜的三笑，每一次的“笑”都是对唐伯虎的心灵撞击、勾魂摄魄，使唐伯虎魂牵梦绕、神魂颠倒。他感情的瀑布飞天而下，一泻不可遏止。这就是恋人微笑的魔力。没有微笑的恋爱，大都是冷冰冰、凉飕飕的，成功率极低。

有一个日本人与妻子相处得很紧张，面临着离婚的危险。他的心理医生告诉他："你没有什么毛病，就是不会微笑。"他听了以后并未十分在意。第二天早晨，妻子拿衣服来给他穿，他忽然想起心理医生的话，朝妻子微笑了一下。妻子惊讶之余欣喜若狂，于是做了一顿十分丰盛的晚餐，等着他回来吃。吃晚餐的时候，他又想起医生的话，便又笑了一下。结果，夫妻关系竟一天天好起来。他的妻子幸福地对别的女人说："我觉得像新婚一样。"

这位丈夫，什么都没有做，仅仅是微笑就挽救了这桩婚姻。

2008年在"梁祝"的故里梁祝镇，再续一段感人的跨国情缘：35岁的穷保安娶了一个漂亮的美国女孩。

"华，善良，总是微笑。是可以托付终身的人！"新娘迪芬妮如是说。

原来，正是小伙子中国式的安全感和真诚的微笑征服了美国姑娘的芳心。让人赞叹：爱情的存在，是不分贫富、国界，任何力量都不可以阻挡它的来临。

为什么微笑具有如此神功奇效呢？

（1）微笑是人际交往中最简单、最积极、最乐意被人接受的一种方式。微笑代表着友善、亲切和关怀，是热情友好的表示。它明白告诉对方："我对你怀着善意""我喜欢你""见到你我很高兴""你使我快乐"等，给人以善良、热情、谦和、亲切、愉快和温暖的感觉。

（2）微笑折射出一个人的健康心理。微笑是社交中最一般的礼貌和最基本的修养，是人们文明礼貌和良好修养的具体象征。它展示了一个人内心世界的和美，也表示了对他人友善的情感，给人的感受永远是暖融融的和煦春风。"笑一笑，十年少""笑口常开，青春永驻"，说的就是这个道理。

（3）微笑能给人以美的享受，可以振奋精神，改变情绪。

美国心理学家保罗·艾克曼研究证明：当人们露出悲哀、惊讶、厌恶、愤怒的表情时，他们的身体也会做出相应的姿态，同时伴有心率变慢和体温下降等生理现象；而当人们露出微笑表情时，他们的心率加快，体温上升，情绪改变。

所以，微笑是和解意愿的表达，是合作心理的反应，是快乐、轻松和自信的标志，对方会被你诚恳大方、积极主动的微笑所感染，从而改变固执的态度和不良的情绪，产生舒服的感觉。

由此看来，世界上没有比笑口常开就能达到目的更便宜的事了。

在社交的花圃里，不能缺少笑声，不能没有笑声。你应该有一双聪慧的善于发现的眼睛，时时看到生活中美好的一切。应该有一双灵敏、善于感受欢乐的耳朵，聆听生活中让你感到喜悦的快乐声音。你嘴角上的花——笑容，该是永不凋谢的。

再喜欢，在 TA 面前也不能肆无忌惮

这个世界上没有绝对的“自由”，在各种规章制度和道德约束的条条框框之下，思维的小球才能“随心所欲”地蹦蹦跳跳。

一家公司会议室的门紧闭着，里面正在进行紧张的面试。连走廊上都有不少一脸紧张的面试者或低头冥想，或翻阅资料。但是这其中却有一个人轻松跷着二郎腿，斜靠在座椅上，同样是一脸紧张，但和别人紧张的原因不同，他是在打游戏！嘴里还时不时地喊着“要死了！”“打死他！”

旁边早就有人看不下去了，终于有人忍不住出声制止：“麻烦您小声点可以吗？这里最好不要喧哗。”

一开始他还有收敛的迹象，但是不久就恢复原状。随之而来的声音渐渐变成了责备：

“你能不能小声点啊，我们还要面试呢！”

“要打游戏可以不出去啊！你到底是不是面试来了？”

面对质疑，他一脸云淡风轻，还略带骄傲地说：“当然是了，不然我坐在这里干吗！”

“那你不要准备一下吗？你是第几号啊？”

“到了不是会有人来叫吗？准备？有什么好准备的！这不是早就应该完成的事嘛！嘿嘿，我是个直性子，想到什么说什么，也不想委屈自己，想做什么就去做了。人嘛，不就应该这样，何必太委屈自己呢？大家说对吧？”于是他埋头接着打手机游戏，还为自己的行为和言辞沾沾自喜着，认为这是自己的“生活态度”。

终于轮到他的时候，他直接推门走进了会议室，在众多面试官面前大大咧咧地一坐，本来衣着随意还有些不修边幅的他已经让面试官们十分不满了，再加上他的行为，更加让

人觉得不舒服。

“我是个直性子的人，不喜欢拐弯抹角，也不喜欢搞那些虚的没用的东西。”他一开口，前面就有人皱起了眉头。短短的三分钟，他就被“请”出了办公室。

“这都是我面试的第五家单位了！怎么还是这样？此处不留爷自有留爷处！”说着他大摇大摆地走了出去。

故事中“直性子”的他可谓是将自己的性格演绎得“淋漓尽致”，甚至已经到了随心所欲的地步。在公共场合，甚至在面试单位这样的严肃又“隆重”的场合中，他依然我行我素，不管别人的看法，忽视基本的礼仪和制度，最终得到的结果只能是到处碰壁。

直性子说话可以直来直去，不带一句开场白；直性子做事可以不拖泥带水，没有一点多余的客套。但是这并不代表直性子拥有特权：不尊重别人、不分场合、由着自己的性子随心所欲、想干什么就干什么的特权。每个人在不同的场景、面对不同的人时都承担着不同的角色，而不同的角色在语言、行为、举止上都有不同的要求，承担着不同的角色。作为一个社会人，我们要时刻明白自己所处的环境和扮演的角色，控制住自己体内时刻想要随心所欲、肆意而为的“洪荒之力”。

一个人的样子中带着他走过的路、遇见过的人，以及读过的书，他的言行举止代表着他的阅历和见识，学问和能力，这是一种修为，更是一种品质。俗话说，江山易改，本性难移。直性子的人直爽而不掩饰，率真而不做作，这是一种阳光般吸引人的魅力，给人以温暖和真实的感受，让人不自觉产生信任感和亲近感。但是言谈举止如果不顾及场合、不考虑他人的感受而随心所欲，那么带给人的将不是春风般的温暖和亲切真实的感受，而是让人不自觉地厌恶和反感。人和动物的区别在于人存在“廉耻心”，即能够根据外界的反应而及时调整自己的行为，能够用相对合理的道德观和法律规范、约束自己的行为。

耿亮为人就如同他的姓氏，耿直而简单，和他关系铁的人知道“他这个人就这样”，但是对于那些初次见面的人来说，耿亮的待人接物还真有点让人接受不了。朋友和家人给他介绍了不少女朋友，但是很多女孩都是受不了他这种大大咧咧的性格，基本吃过一顿饭之后就都没下文了。

这一次，耿亮神神秘秘地请几个好朋友吃饭，席间告诉他们一个好消息，他订婚了！

“你？什么时候的事？”

“哎哟，就你这样的性子，还有人愿意把闺女嫁给你啊?”

“士别三日还刮目相看呢！你们不能这样瞧不起人！”耿亮一脸慎重地告诉了他们这样一件事。

原来，相亲屡战屡败的耿亮也很着急，他也开始反思到底是哪里出了问题。耿亮意识到是自己的太过耿直的性格导致的。于是他决定不再那么大大咧咧，和别人在一起吃饭、说话时不再随心所欲，想干什么就干什么。在和一个女孩聊过几次后他们双方感觉都还不错，于是决定进一步交往。这个女孩也是性格直爽的人，倒也不是非常介意耿亮的耿直，反而称赞他是真性情。这下耿亮可高兴坏了，看来自己近来的改变有成效啊！

紧接着女孩的家人邀请他去家里吃饭，从来不修边幅的耿亮那天格外慎重，一身正装，还特意买了许多礼物，饭桌上他也各种注意，言行举止尽量“绅士”，女孩的家人非常满意，称赞他老实礼貌，是个“靠得住”的人。

听完他的讲述，大家恍然大悟。

“哈哈，你小子终于开窍了啊!”

“真没想到你竟然也有改掉那些坏习惯的时候。哎，你说你装腔作势的时候是什么样啊？哈哈哈……”

“开始的时候是有一点装，但是现在不是了，确实觉得自己以前是有点太过了，没顾及别人的感受，有什么对不住的地方你们就忘了吧！”耿亮不好意思地说。

故事中的耿亮改掉了自己随心所欲的毛病，终于抱得美人归。的确，随心所欲的确舒服，但是舒服了自己，却麻烦了别人，久而久之，还会让自己在生活中处处碰壁。所以，不管是不是直性子，做人还是要讲究一点好。因为只有自己讲究了，别人才会对我们讲究。

其实别人并没有你想象中那么“耐撕”

开玩笑的前提是尊重并且理解别人，打着直性子的旗号，用“毒舌”伤害别人，不会让人感觉幽默，只会让人觉得你情商低。

王敏与小莉是大学舍友，王敏是个内向的人，而小莉则是个心直口快，甚至有些毒舌的人。王敏不怎么爱说话，所以相处还算和谐。两人大学毕业后都留在了南京，小莉是本地人，家境富裕。王敏是外地来上学的，后来认识了男朋友，就留在了南京。

毕业没两年，小莉就嫁人了。婚后第二年，怀了孕。正巧，小莉怀孕的时候，王敏准备与男朋友结婚。于是，她拿着东西，去了小莉家，准备顺便跟她说自己要结婚的事情。

到了小莉家，王敏放下自己的东西，跟她说起自己要结婚的事情。

“我准备结婚了，我们俩买房付了首付后，就没什么钱了，家里也都不是很富裕，就不打算办婚宴了。请两家人吃顿饭就好了。”王敏对小莉说道。

听了王敏的话，小莉连珠炮似的说道：“哎，你可真够傻的，婚宴都不办，要是你跟他离婚了，那可吃大亏了。虽然你家里跟他家里都没什么钱，但是再怎么穷也得办场婚宴啊。”王敏是个内向的人，听了小莉的话，有些难受，但她却说不出什么。

“你们还这么穷，为什么着急结婚呢？又不是像我家一样，在南京有房子。”小莉看王敏的脸色不好，说了句，“哎呀，我性格就是很直，你知道的。”

本以为会得到祝福，没想到，却被伤害了。王敏本来觉得她心眼不错，就是直接了一些，可今天毒舌也实在是太过分了，于是闷闷地离开了。

王敏知道自己经济状况不好，她不需要被提醒。结婚之前，王敏需要的是诚意的祝福，不是毫无意义的毒舌。每个人都有自己的底线，并不是每个人都能接受毒舌式的关心。况且，从小莉的话里，根本听不出关心。

直性子，不是毒舌的理由，即使关系再亲密，说话的时候也要顾及对方的感受。不能仗着自己性子直，就不管不顾，换位思考一下，如果总是被别人贬低、语言刺激，那会是什么感受。

年纪越是增长，就越是要重视说话的尺度。有时候，彼此之间还是有些距离感比较好。不要自认为关系好，就忽视掉距离感，随意“毒舌”别人。大多数人，都难以理解毒舌式的幽默。

有些人说：“我说话是难听了点，但这都是为了你好。”对不起，真正的关心不是用语言伤害对方。如果真的是要帮助别人，请拿出诚意，做点实际的事情。比如对方工作上出现了困难，帮他想个解决方案。或者朋友缺钱的时候，资金充裕的话，借点钱给他。不要一边说着关心，毒舌别人，一边却什么事情都不做。

有修养的率直之人，怎么会拿别人的痛处来开玩笑。他们会在意别人的感受，不会把快乐建立在别人的痛苦之上。谁都清楚自己的生活是什么样子，不需要被反复提醒。情商高的爽快人，不会什么事都把别人想的那么惨。请记住：直性子，不是毒舌的保护伞。

在社会上混，总是毒舌，早晚会吃大亏。总说别人这个不对那个不好，让人下不来台，碰到了更毒舌的人，自己就遭殃了。心直口快跟说话自私刻薄有本质区别。不是每个人的关系都能亲密到毫无芥蒂，请不要拿毒舌当幽默，拿没教养当直率。

可可的朋友木木过生日，她带了男朋友去参加生日会，想让朋友们认识一下他。

第一眼看见可可的男朋友，姐妹们都说，“你男朋友看起来还不错哦！”可可满心欢喜。

可是，一个看着斯斯文文的男生，却非常毒舌，最后得罪了所有参加生日会的人。

木木的皮肤很黑，脸上还有没消下去的痘印，所以，她非常不喜欢别人说她皮肤黑。

可是，可可的男朋友隔着桌子问木木，“你皮肤好黑啊，是刚刚从非洲回来吗？哈哈哈哈。”他的声音不高不低，正好让所有人都听见。

木木本来在笑，听了这话，脸色立马变了，几秒后，恢复了笑容，回了他一句：“是啊！非洲有特别大的狮子呢，能一口把你吞进肚子里。”

大家都知道木木不开心了，可可掐了男朋友一下，他扬高声音说：“你掐我干什么？”

可可只好尴尬无比地低着头。过了一会儿，可可男朋友又开始“调侃”他旁边的男生高达。高达很消瘦，个子也不高。

可可的男朋友说：“高大，你爸妈给你取的名可真搞笑。”说完，又自顾自地笑了起来。

这一次，大家都愣住了，但可可的男朋友却还在说：“你啊，叫柴火吧，又细又小，挺符合实际的。”可可的男朋友一脸得意的样子，大家都觉得他脑子缺根弦。

可可把男朋友叫出去，说道："你在我面前毒舌就好了，不要出来说别人好吗?"虽然自己知道他是个直性子，平时毒舌惯了。但是，别人接受不了啊。

但是，他却不以为然，说道："你的朋友真小气，连玩笑都开不起。"

有些人就是不懂分寸，把"毒舌"当成幽默，似乎他人身上的痛处都可以拿来开玩笑，如果对方生气，就是小气，这种逻辑很荒谬。可可的男朋友自以为幽默，但实际上，别人却很讨厌他的行为。毒舌，不是幽默，是很容易得罪人的。

皮肤黑的人，很讨厌别人拿自己的黑开玩笑。而胖的人，则介意别人调侃自己胖。成年人，应该懂得尊重别人，有些事情并不能用来开玩笑。给对方留尊严，以后才能更好地相处。如果别人自嘲，也请不要附和。别人愿意压低身份来换取大家的开心，并不代表，你就能随意地调侃别人，说一些过分的话。

"我这个人就是直性子，说话毒舌了些，但都是为你们好"、"我就是开开玩笑嘛，别那么小气"，总有一些人，打着直性子的旗，为所欲为，明明是自己说话太过分，却试图从别人身上找毛病。

拿自己性子直做借口，掩饰自己根本不会说话的真相，是一种愚蠢的行为。打着直性子的旗号，到处冲撞别人，不是一个成熟的人该做的事情。千万不要低估语言的影响力，有时候，它比能力更重要。与人交谈时，语言不要那么刻薄，温柔些、委婉些，多鼓励别人，少打击别人，毒舌并不会让你变得更可爱。恶语伤人，并不会让你变得更快乐。

一些直性子的人，遇到的都是性格内向的小绵羊，有时候，他们甚至还有一些支持他们毒舌的朋友，这就导致他们自我感觉良好。在这样的环境下，就会越发不在意自己毒舌是否会伤害别人，也更加理直气壮地说别人小气。但如果他们遇到了比自己性子更直、更毒舌的人，那就会遇到更严重的伤害。每个人在社会上混，都想得到他人的尊重，活得更舒服。没有人会喜欢被别人毒舌，严重点说，毒舌就是语言暴力。伤害别人，最终也会伤害自己。

第六章
商场上，说得就要比唱得好听

古希腊有一句民谚：『聪明的人，借助经验说话；而更聪明的人，根据经验不说话。』中国人则流传着『言多必失』和『讷于言而敏于行』这样的济世名言。

营销是技术，说话是艺术

谈判语言的表达方式不同，得到的结果也大相径庭。表达技巧高明才能得到期望的谈判效果。

【限制性提问法】

某商场休息室里经营咖啡和牛奶，刚开始服务生总是问顾客："先生，喝咖啡吗？"或者是："先生，喝牛奶吗？"其销售额平平。后来，老板要求服务生换一种问法："先生，喝咖啡还是牛奶？"结果其销售额大增。原因在于，第一种问法，容易得到否定回答，而后一种是选择式，大多数情况下，顾客会选一种。

对于称职的餐饮服务员，应兼有推销员的职责，既要让客人满意称心，又要给餐厅创造尽可能多的利润。此时，出色的口才就可以在这方面发挥作用。

> 这天，唐人街的中餐厅来了位穿着讲究的老妇人，看上去是个挑剔的人。
>
> 安娜为这位老妇人斟上红茶，她却生硬地说："你怎么知道我要红茶，告诉你，我喜欢喝绿茶。"
>
> 安娜没有预料到老妇人的反应居然会是这样，但仍然客气而礼貌地说："这是餐厅特意为顾客准备的，餐前喝红茶消食开胃，尤其适合老年人，如果您喜欢绿茶，我马上为您送来。"
>
> 老妇人脸色缓和下来，顺手接过菜单，开始点菜。
>
> "喂，水晶虾仁怎么这么贵？"老妇人斜着眼看着安娜，"有什么特点吗？"
>
> 安娜面带微笑，平静地解释道："我们餐厅所用的虾仁都有严格的规定，一斤120粒，这种水晶虾仁有四个特点：亮度高，透明度强，脆度大，弹性足。其实我们这道菜利润并不高，主要是用来为餐厅创口碑的产品。"
>
> 老妇人稍稍点点头，继续说："有什么蔬菜啊？现在蔬菜太老了，我不喜欢。"
>
> 安娜一听，马上顺水推舟："对，现在的蔬菜是咬不动，不过我们餐厅今天有煮得很软的茄子，是今日特惠，您运气真好，尝一尝吧！"

“你很会讲话啊，那就尝尝看吧！”老妇人笑了笑，合上了菜单。

安娜见状问道：“请问您喝什么饮料？”

见老妇人犹豫不决，安娜便继续说：“我们这里有芒果汁、苏打、奶昔等，我们餐厅还特意从中国引进了海南椰子汁，您看您需要哪种？”

老妇人眼神一亮，说：“很久没有喝过海南的椰子汁了，来一杯吧！”

安娜在顾客点菜时，将菜的特点用生动的语言加以形容，使顾客对此产生好感，从而引起食欲；然后，安娜接着使用了选择问句，因此顾客必定选其一。这种提问方式对那种犹豫不决或不曾有防备的顾客效果极佳。

【求教式提问法】

无论你的产品多么好，你的服务多么棒，如果你不能跟顾客接上头，交易就无从谈起。接下来我们继续介绍的“顶尖诀窍”，叫作“求教式”提问法。

每个人都有好为人师的特质，特别是自认为经验丰富和取得了一些成就的人。当我们用“求教”的方式向对方提问题时，不用五秒钟，你们就可以把心与心之间的距离拉得很近。因为你这么谦虚，这么真诚，几乎很少有人会拒绝你。当你求教之后再进入你的正题，向对方提出你的真实意图，往往能收到奇效。

经人介绍，原一平前去拜访一位建筑企业的董事长渡边先生。可是渡边并不愿意理会原一平，见面就给他下了逐客令。原一平并没有退缩，而是问渡边先生：“渡边先生，咱们的年龄差不多，但您为什么能如此成功呢？您能告诉我吗？”

原一平在提这个问题时，语气非常诚恳，脸上表现出来的跟他心里想的一样，就是希望向渡边先生学习到其成功的经验。面对原一平的求知渴求，渡边不好意思回绝他。于是，他就请原一平坐在自己座位的对面，把自己的经历开始向他讲述。没想到，这一聊就是三个小时，而原一平始终在认真地听着，并在适当时候提了一些问题，以示请教。

最后，原一平也没有提到保险方面的事情，而是对渡边先生说：“我很想为您写一份有关贵建筑公司的计划，可以吗？”渡边已经被这位诚心求教的人打动了，自然点头答应。

原一平花了整整三天三夜，把一份建筑公司计划书做了出来，这份计划书内容非常丰富，资料翔实，而且建议也非常有价值。渡边先生依照原一平的这份计划书，结合实际情况具体操作了起来，结果效果显著，业绩在第三个月后就提高了30%。渡边非常高兴，把原一平当成了最好的朋友。

当然，渡边的建筑公司里的所有保险，都在原一平那里下保单了！

【唤起顾客的好奇心】

富勒公司是美国最大的生产黑人化妆品的企业，而约翰逊公司只是一家只有470美元注册资金的黑人化妆品生产商，简直没有可比性。可是现在，约翰逊公司的知名度已经与富勒公司并驾齐驱了。约翰逊的生产规模一直不大，广告投入也少，那么它是怎样获得这种效应的呢?

很简单，约翰逊公司除了保证产品质量外，它靠的就是屈居第二的推销法。它在自己的广告中这样说："富勒公司是化妆品行业的金字招牌，您真有眼力，买它的化妆品算了。不过您在使用它的化妆品后，再涂上一层约翰逊公司的水粉护肤霜，准会收到意想不到的奇妙效果。"

那些买得起富勒化妆品的黑人，并不在乎多买一瓶约翰逊水粉护肤霜试试，借此契机，约翰逊的产品也就堂而皇之地走进了千家万户。

推销员在与顾客面谈前，需要适当的开场白。好的开场白就已经是推销成功的一半了。在实际的销售工作中，推销员可首先唤起客户的好奇心，引起客户的注意和兴趣，然后道出商品的利益，并迅速转入面谈阶段。好奇心是人类所有行为动机中最有力的一种，唤起好奇心的具体办法则可灵活多样，尽量做到得心应手，不留痕迹。上面的约翰逊公司，就是通过富勒公司的产品名声唤起了购买富勒公司产品的客户的好奇心，然后在此基础上将自己的产品推销出去。

在一次贸易洽谈会上，卖方对一个正在观看公司产品说明的买方说："你想买什么呢?"买方说："这里没什么可买的。"卖方说："对呀，别人也这样说过。"当买方正为此得意时，卖方又微笑着说："不过，他们后来都改变了看法。"

“哦？为什么呢？”买方好奇地问道。于是，卖方开始进入正式推销阶段，公司的产品得以卖出。

该例中，卖方在买方不想买时，没有直接向他叙说自己公司产品的情况，而是设置了一个疑问：“别人也说过没什么可买的，但后来都改变了看法。”从而引发了买方的好奇心。于是，卖方有了向其推销产品的机会。

有一位身材矮小、肥胖，皮肤黝黑的推销员。当他吃力地提着收款机走进一家商店时，老板粗声粗气地说：“快走吧，我们正忙着呢，我对收款机没有兴趣。”

这位推销员不恼不怒，他倚靠在柜台上，咯咯地笑了起来，仿佛刚刚听到了一个世界上最美妙的笑话。

店老板直愣愣地看着他，不知所以然。

推销员笑了一会儿，直起身子，微笑着致歉：“实在是对不起，我忍不住要笑。您使我想起了另一家商店的老板，他说了跟您一样的话，后来却成了我们最熟悉的主顾。”

紧接着，这位推销员开始一本正经地展示他的样品，历数其优点。每当老板表示不感兴趣时，他就哈哈地引出一段幽默的回忆，又说某某老板在表示不感兴趣之后，结果还是买了一台的老话。

旁边的人都瞧着他，心想他一定会被当作傻瓜一样赶出去。可是说也奇怪，老板的态度逐渐开始转变了，居然提出要试一试收款机，想搞清楚这种收款机是否真有他所说的那么好。于是在试用的过程中，那位推销员又用行家里手的口吻向老板说明了产品的具体操作方法。

最后的结果——推销员获得了成功。

这名推销员就是通过幽默和激将的交叉使用，终于说服了顾客，达到了自己的目的。

【对顾客热情有加】

顾客在你商店挑选了半天，没有购买一件商品。这时，你可能会生气。事实上，假若此时你对不想购物的顾客更加热情，说不定顾客会因感动而回头，心甘情愿地买走你所售的商品。

一对情侣手挽手地走进一家品牌服装店。营业员根据女孩身材、气质等特点热情地为她挑选了几套秋装，随后，女孩又试穿了店里展示的皮靴。他们足足挑选了四十分钟仍下不了购买决心。

女孩面带歉意地把手里试穿过的几套衣服交回营业员手里，一直微笑服务的营业员不仅不恼怒，并且柔声慢语："小姐，这几款不大合适，是吗？我们店进了不少新款，请随便挑选。"

女孩身边的男友笑了，说："哎，你刚才不是看中那条漂亮的皮带吗？那就让小姐包起来吧。"女孩心领神会，面对如此耐心、热情的营业员小姐，不买点什么确实有点过意不去，于是买下了那条皮带，在营业员"欢迎下次再来"的送别声中高兴离去。

【欲擒故纵销售法】

在销售的过程中，如果一味地急于求成游说顾客购买产品，无疑会让顾客产生抵触情绪，你说得天花乱坠，是不是卖不出去的东西呀？

在销售的手腕中，有一种策略是"欲擒故纵"，你想卖出去一种产品，切忌操之过急，不妨设计一套提问的方式，让顾客在一味回答"是的"颔首中来肯定你产品的好处，这就是古希腊哲学家苏格拉底发现的方法，故称"苏格拉底法"。

比如，有一位年轻的顾客来到你的珠宝行想购买一条项链，对于同样价值的白金与黄金，她拿不定主意选哪种色。而你作为一名销售员，又怕时间久了会影响她的购物欲而使你丢失一笔生意，这时不妨用"苏格拉底法"帮她下购买的决心。

服务生："小姐，你的皮肤很白，一白压三色呀！"（当然，如果不白，你得另外找思路）

顾客："是的，谢谢你的夸奖，别人都这么说！"

服务生："皮肤白的人最好穿戴装扮了，配什么颜色都好看！"

顾客："是的。"

服务生："这两种颜色的项链配上你的白皮肤都好看，黄金让你白皙的脖子显得高贵妩媚，白金会使你显得典雅纯洁。"

顾客："有道理。那就要这条白金项链吧！"

就这样一连串的"是的"，让对方不可避免地走进她自己制造的甜美陷阱中，最后爽快埋单。

同样，有时处理顾客退货问题时，也可以采用“苏格拉底法”。

美国电机推销员哈里森，讲了一件他亲身经历的有趣的事。

有一次，他到一家新客户去拜访，准备再向他们推销几台新式电动机。不料，刚踏进公司的大门，便挨了当头一棒：“哈里森，你又来推销你那些破玩意儿？你不要做梦了，我们再也不会买你那些玩意了。”总工程师恼怒地说。

经哈里森了解，事情原来是这样的：总工程师昨天到车间去检查，用手摸了一下不久前哈里森推销给他们的电机，感到很烫手，便断定哈里森推销的电机质量太差，因而拒绝哈里森今日的拜访。

哈里森冷静考虑了一下，认为如果硬碰硬地与对方辩论电机的质量，肯定于事无补，不如采用“苏格拉底法”来攻克对方的堡垒。于是发生了以下的讨论对话：

“好吧，斯宾斯先生！我完全同意你的立场，假如电机发热过高，别说买新的，就是已经买了的也得退货，你说是吧？”

“是的。”

“按国家技术标准，电机的温度可比室内温度高出72℃，是这样的吧！”

“是的。但是你们的电机温度比这高出了许多，喏，昨天差点把我的手都烫伤了！”

“请稍微等一下，请问你们车间里的温度是多少？”

“大约75℃，加上应有的72℃的升温，共计147℃左右。”

“请问，如果你把手放进147℃的水里会不会被烫呢？”

“那——是完全可能的。”

“那么，请你以后千万不要去摸电机了。不过，我们的产品质量，你们完全可以放心，绝对没有问题。”结果，哈里森又做成了一笔买卖。

所以，在推销商品时，不应问顾客喜不喜欢，想不想买。因为这样问，顾客可能回答“不”。因此，应该问：“你一定很喜欢，是吧？”

当你发问对方还没有回答之前，自己也要先点头，你一边问一边点头，可诱导对方做出肯定回答，一定会让你所销售的商品走快捷方式。

【“高帽子”让你赢得顾客】

很多人都害怕做决定，因为怕承担责任。在买东西前，很多人都会犹豫不决，尤其是购买大宗货物或者价比较高时。这时，学会替顾客下决心，让顾客下订单，促成交易，就变得极为重要。给顾客戴“高帽子”这一招照样好使。

在一个停车场里，乔恩·布朗看到一位先生开着一辆桑塔纳停在了车位上。于是，他便走过去向那位先生推销图书。当那位先生拿着书翻来覆去想买又不想买的时候，乔恩·布朗满脸堆笑地说：“先生，我会经常在这一带卖书，您下次再开着奔驰过来时，希望您还认得我。”

那位先生听了心花怒放，很高兴地说：“一定会记得你的，一定会记得！”听他的语气，好像过不了几天，他就能开上奔驰似的。他又对乔恩·布朗说：“咱们到车上坐一会儿，我再看看你有哪些书。”

乔恩·布朗知道他会向自己买一批书，前提是如果自己能帮他下决心的话。于是，他继续给那位先生肯定其梦想：“等您下次开着奔驰来的时候，车子那么豪华，恐怕我都不敢坐了。您这么年轻，就有这么高的成就，我真的很佩服您！”

他也笑了，委婉地肯定了乔恩·布朗一番，最终给他下了订单：“你手头上的这12套书，每套给我100本，我想买回去给我公司里的员工都看一看。这是定金，这是我的名片，上面有我公司的地址。”

望着远驰的桑塔纳，乔恩·布朗很感慨，他明白：“每个人都爱做梦，每个人都有梦想，而每个人都一直期待着明天能够使自己梦想成真。当我们用赞美来肯定对方的梦想能够实现时，他心里的甜蜜，会比世界上最甜蜜的食物要甜上一百倍。”

梦想是给一个人巨大动力的东西，只要有梦的地方，就必然会有雄心勃勃和豪情万丈。即使没有钱财，即使再劳累，只要有梦想，就可以让我们有一种信念，让自己奋斗不息，战斗下去。因此，赞美对方的梦想，特别容易得到对方的认同，尤其是那些有野心、目标和欲望的人。赞美对方的梦想，也很容易促使对方下订单，做成交易。

【用赞美让对方感觉“自己很美好”】

你要让自己的业绩迅速提升，就要学会用赞美让客户感觉“自己很美好”。

让我们先来看一看下面这些文字：

“您的皮肤真好，不介意的话，可以教我一下怎么保养的吗?”
“您的身材可真好，有什么秘诀吗?”
“不错的选择，您点的菜非常好，也正是我喜欢的。”
“这套西服真是为您量身定制的，太适合您了!”
“给妈妈买毛衣啊，您好孝顺啊!”
“您真为自己的孩子着想!”
“现在竞争激烈，您能把公司经营得这么好，绝不是一般人。”
“对不起，让您久等了。您真有耐心!”
……

当看到这些文字时，请你想象一下，若有人对你说这样的话，你是否也会感觉很高兴?

当顾客被这样一种气氛所感染时，成交便顺理成章。

【给人台阶下，赢得顾客心】

一辆破旧的老爷车停在饭店门前，车身上生满锈，水箱没有盖子，蒸汽直往外喷，车篷早已脱落。车主对一个流浪汉说：“我要打个电话，请你帮我看一下汽车好吗?”对方答应了。

事后车主为酬谢流浪汉，问他要多少钱。

“五百元。”

“什么? 这简直是抢劫嘛! 我才去了三分钟。”车主大叫。

“先生，这不是时间的问题，而是关系到本人面子的问题，过路的人都以为这破车子是我的。”

一个乞丐都要面子，可见人们对面子的看重。这虽然是一个笑话，但同样反映出人们对面子的看重程度。

中国有句古话：“饿死事小，失节事大。”在很多情况下，这个“节”指的不是“气节”而是“面子”。在交际中，如果不是为了某种特殊需要，一般应尽量避免触及对方所避讳的敏感区，避免使对方当众出丑。必要时可委婉地暗示对方已知道他的错处或隐私，便可造成一种对他的压力。但不可过分，只需“点到为止”。

一位顾客来到一家百货公司，要求退回一件外衣。她已经把衣服带回家并且穿过了，只是她丈夫不喜欢。她辩解说“绝没穿过”，要求退掉。

女售货员王芳仔细检查了外衣，发现明显有干洗过的痕迹。但是，直截了当地向顾客说明这一点，顾客是绝不会轻易承认的，因为她已经说过“绝没穿过”，而且精心伪装了没有穿过的痕迹。这样，双方可能会发生争执。

机敏的王芳以平和的口吻说道：“我很想知道是否你们家的某位成员把这件衣服错送到了干洗店去。不久前我也发生过同样的事情，我把一件刚买的衣服和其他衣服一起堆放在沙发上，结果我先生没注意，把这件新衣服和一大堆脏衣服一股脑儿塞进了洗衣机。我怀疑你是否也遇到这种事情——因为这件衣服的确看得出有已经被洗过的明显痕迹。不信的话，你可以跟其他衣服比一比。”

顾客看了看，知道无可辩驳，而王芳又为她的错误准备好了借口，给了她一个台阶——说可能是她的某位家庭成员在没注意的情况下，把衣服送到了干洗店。于是顾客顺水推舟，乖乖地收起衣服走了。

王芳的话使顾不好意思再坚持，一场可能的争吵就这样避免了。

在广州一家著名的大酒店，一位外宾吃完最后一道茶点，顺手把精美的景泰蓝的食筷插入自己的西装内侧口袋里。

站在一旁的服务小姐看到这一切，不露声色地迎上前去，双手擎着一只装有一双景泰蓝筷子的绸面小匣子，微笑着说：“我发现先生在用餐时，对我国景泰蓝筷子非常喜欢，爱不释手。您对这种精细工艺品的赏识令我们非常感动。为了表达我们的感激之情，经餐厅主管批准，我代表本店，将这双图案最为精美并且经严格消毒处理的景泰蓝筷子送给您，并按照优惠价格记在您的账单上，您看好吗?”

那位外宾当然明白这些话的弦外之音，在表示了谢意之后，说自己多喝了两杯“白兰地”，头脑有点发晕，误将食筷插入口袋里，并且聪明地借此台阶说：“既然这种筷子不消毒就不好用，我就‘以旧换新’吧。哈哈哈!”说着取出内侧口袋里的食筷恭敬地放回桌上，接过服务小姐给他的小匣子，不失风度地向付账处走去。

这位外宾因一念之差做了错事，服务小姐仍然对其表示尊重，并为他设计了一个“体面的台阶”下台，在不得罪顾客的前提下保护了酒店的财产。这是一种较为常见且明智的做法。既能使当事者体面地“下台”，又尽量不使在场的旁人觉察，这才是最巧妙的“台阶”。

有一则报道很能启发人：一次，一位外国客人在天津水晶宫饭店请客，请10个人要3瓶酒。饭店女服务员小谭知道10个人5道菜起码得有5瓶酒，看来客人手头不那么宽裕。于是，她不露声色地亲自给客人斟酒。5道菜后，客人们的酒杯里的酒还满着。这位外宾脸上很有光彩，感激小谭给他圆了场，临走时表示下次还来这里。

小谭如果想让这位外宾出洋相太容易了，但那样就会失去一位回头客。善于交往的人往往都会这样不动声色地让对方摆脱窘境。

说话大声有什么用，还不如好好听着

古希腊有一句民谚：“聪明的人，借助经验说话；而更聪明的人，根据经验不说话。”中国人则流传着“言多必失”和“讷于言而敏于行”这样的济世名言。

我们先来看一则小猫成长的故事：小猫长大了。

一天，猫妈妈把小猫叫来，说：“你已经长大了，三天之后就不能喝妈妈的奶了，要自己去找东西吃。”

小猫惶惑地问妈妈：“妈妈，那我该吃什么东西呢?”

猫妈妈说：“要吃什么食物，妈妈一时也说不清楚，就用我们祖先留下的方法吧！这几天夜里，你躲在人们的屋顶上、梁柱间、陶罐边，仔细倾听人们的谈话，你自然会知道的。”

第一天晚上，小猫躲在梁柱间，听到一个大人对孩子说：“宝贝，把鱼和牛奶放在冰箱里，小猫最爱吃鱼和牛奶了。”

第二天晚上，小猫躲在陶罐边，听见一个女人对男人说：“亲爱的，帮我把香肠和腊肉挂在梁上，别让小猫偷吃了。”

第三天晚上，小猫躲在屋顶上，从窗户看到一个妇人叨念自己的孩子：“奶酪、肉松、鱼干吃剩了，也不记得收好，小猫的鼻子很灵，要是被小猫叼去了，看你吃什么。”

就这样，小猫每天都很开心，它回家告诉猫妈妈：“妈妈，果然像你说的一样，只要我仔细倾听，人们每天都会教我该吃些什么。”

靠着倾听别人的谈话，学习生活的技能，小猫终于成为一只身手敏捷、肌肉强健的大猫。它后来有了孩子，也是这样教导孩子：“仔细地倾听人们的谈话，他们自然会教给你。”

这些名言和猫儿的经验都给了我们这样的建议：在适当场合里，尽可能少说而多听。在销售中，这句话就更有用处了。若是在给顾客下订单时，对方出现了一会儿沉默，你千万不要以为自己有义务去说些什么。相反，你要给顾客足够的时间去思考和做决定。千万不要自作主张，打断他们的思路，否则，你一定会后悔。

日本金牌保险推销大师原一平曾有这样的推销经历：他去访问一位出租车司机，那位司机坚定地认为原一平绝对没有机会向他推销人寿保险。当时，这位司机肯见原一平，是因为原一平家里有一台放映机，它可以放彩色有声影片，而这是那位司机没有见过的。

原一平放了一部介绍人寿保险的影片，并在结尾处提了一个结束性的问题：“它将为你及你的家人带来些什么呢?”放完影片，大家都静悄悄地坐在原地。3分钟后，那位司机经过心中的一番激烈交战，主动问原一平：“现在还能参加这种保险吗?”

最后，他签了一份高额的人寿保险合同。

毫无疑问，原一平是深谙倾听艺术的，很多时候，它决定了交易的成败。甚至可以说，如果你懂得如何去倾听，即使你一句话不说，也能拿到价值百万的订单。

几年前，美国最大的汽车制造公司之一克莱斯勒，正在洽谈订购下一年度所需要的汽车坐垫布。其中的三个重要的厂家已经做好了坐垫布的样品，并且这些样布都已经得到汽车公司高级职员的检验，并发通告给各厂家，说各厂家的代表可以在某一天以同等条件参与竞争，以便公司最终确定申请方。

其中一个厂家的业务代表艾尔在约定时间抵达约定地点时，正患着严重的喉炎。

“当我参加高级职员会议时，”艾尔在叙述他的经历时说，“我嗓子哑了。我几乎发不出一点声音。我被领到一个会议室里，与纺织工程师、采购经理、推销经理以及该公司的总经理会晤。当时，我站起来想尽力说话，但我只能发出嘶哑的声音。”

他们都围坐在一张桌子边上。所以我只好在纸上写道：“各位，我的嗓子哑了，我不能说话，真抱歉！”

“那就让我替你说吧。”对方的总经理说。接下来，他真的是在替我说话。他展示了我的样品，并称赞了它们的优点。然后围绕我的样品的优点，大家展开了一场热烈的讨论。由于那位总经理是代表我说话的，因此在这场讨论中，他始终站在了我这一边，而我在整个过程中只是微笑、点头以及做几个简单的手势。

这场特殊的会议最终结果是，我得到了这份合同，和对方签订了50万码的坐垫布，总价值为1600万美元——这是我曾获得过的最大的订单。

事后我明白，如果当时我的嗓子没有哑，说不定我会失掉那份合同，因为我对于整个情况的看法是完全错误的。从这次会议中我很偶然地发现，让别人多说话是多么有益！有时候，你根本不用说话，只需要认真地听别人说，就能够拿下巨额订单。

可见，对于销售高手来说，有些时候，即使嘴巴不张，也同样能“黄金万两”！

对一个人最好的恭维是听他说完

倾听是一种礼貌，是一种尊敬讲话者的表现，是对讲话者的一种高度的赞美，更是对讲话者最好的“恭维”。倾听能使对方喜欢你，信赖你。

每个人都希望获得别人的尊重，受到别人的重视。当我们专心致志地听对方讲话，努力地听，甚至是全神贯注地听时，对方一定会有一种被尊重和重视的感觉，双方之间的距离必然会拉近。

一名保险推销员刚来到深圳时去拜访一个客户，那个客户不会说普通话，只会说上海话。推销员听了半天也不太明白对方在说什么，唯一听明白的是：好像他的子女对他不太好。

对方从表情上也看得出推销员听不懂他的方言，但仍然自顾自地说个不停。他只是想满足自己倾诉的欲望。这位推销员刚入行做保险，什么都不会，面对这个客户，他唯一能做的就是聆听。没想到，谈话结束的时候，他签到了他的第一份保单。

众所周知，乔·吉拉德被世人称为“世界上最伟大的推销员”，他曾说过：“世界上有两种力量非常伟大，其一是倾听，其二是微笑。倾听，你倾听对方越久，对方就越愿意接近你。上帝为什么给了我们两个耳朵一张嘴呢？我想，就是要让我们多听少说吧！”在讲述自己成功的经历时，他几乎每次都要谈到以订单为代价的一次深刻教训。

一次，某位名人来向乔·吉拉德买车，他推荐了一种最好的车型给他。那人对车很满意，准备提款买车。接下来，乔所需要做的只不过是让客户走进办公室，签下一纸合约。

当他们向乔的办公室走去时，客户开始向乔提起他的儿子，因为他儿子就要进入一所有名的大学了。他十分自豪地说：“乔，我儿子将来会成为一名医生。”

“很不错。”乔说。当他们继续往前走时，乔却扫视着其他同事。

“天，我的儿子真聪明，乔，”他滔滔不绝地说着，“在他还是婴儿时我就发现他相当聪明。”

“成绩非常不错吧？”乔附和着，仍然望着别处。

“在他们班是最棒的。”客户又说。

“那他高中毕业后打算做什么呢？”乔心不在焉。

“我已经告诉过你了，乔，他要到大学学医，将来做一名医生。”

“噢，那太好了。”乔说。

突然，那人看着乔，意识到乔太忽视他所讲的话了。“嗯，乔，”他突然说了一句，“我该走了。”便走出了车行，把乔·吉拉德丢在了原地。

对方为什么突然变卦呢？乔懊恼了一下午，百思不得其解。

到了晚上11点他忍不住打电话给那人："您好！我是乔·吉拉德，今天下午我曾经向您介绍一部新车，眼看您就要买下，却突然走了。"

"喂，你知道现在是什么时间了吗？"客户没好气地说。

"非常抱歉，我知道现在已经是晚上11点钟了，但是我检讨了一下午，实在想不出自己错在哪里了，因此特地打电话向您请教。"

"真的吗？"

"肺腑之言。"

"很好！你在用心听我说话吗？"

"非常用心。"

"今天下午你根本没有用心听我说话。就在签字之前，我提到犬子吉米即将进入密执安大学念医科，我还提到犬子的学科成绩、运动能力以及他将来的抱负，我以他为荣，但是你毫无反应。"

乔不记得对方曾说过这些事，因为他当时根本没有注意。乔认为已经谈妥那笔生意了，就无心听对方说什么，反而在听办公室内另一位推销员讲笑话。

"先生，如果那就是您没从我这儿买车的原因，"乔说，"那确实是个不错的理由。如果换成是我，我也不会从不认真听我说话的人那儿买东西。我对此深感抱歉。然而，现在我希望您能知道我是怎样想的。"

"你怎么想？"客户说道。

"我认为您很伟大，我觉得您送儿子上大学是十分明智的。我敢打赌您儿子一定会成为世上最出色的医生。或许你会给我第二次机会。"

"什么机会，乔？"

"有一天，如果您能再来，我一定会向您证明我是一个忠实的听众，我会很乐意那么做。当然，经过今天的事，您不再来也是无可厚非的。"

两年后，他又来了，乔卖给他一辆车。他不仅买了一辆车，而且也介绍了他许多同事来买车。后来，乔还卖了一辆车给他的儿子——吉米医生。

这位客户给了乔一个极好的教训，从此以后，乔从未在顾客讲话时分心。因为他知道，倾听是对顾客最大的赞美和最好的恭维。当每一位顾客进到店里时，乔都会亲切地与他们攀谈，问他们家里人怎么样了、做什么的、有什么兴趣爱好，等等。然后，乔便开始认真地倾听他们讲的每一句话。

事实上，大家都很喜欢这样。因为他们认为乔·吉拉德给了他们一种备受重视的感觉，他们认为，乔是最会关心他们的人。

乔·吉拉德对“倾听”做了下面的简单总结，他认为，当我们不再喋喋不休，而是仔细听别人在说什么时，至少可以从中得到三个好处：

1. 体现了你对对方的尊重；
2. 获得了更多成交的机会；
3. 更有利于找出顾客的困难。

最高效的倾听技巧：

1. 让对方感觉到你是在用心地听；
2. 让对方感觉到你的态度很诚恳；
3. 在倾听时记笔记，效果会更好；记笔记的三大好处：

（1）立刻让对方感觉到被尊重；
（2）记下对方说话重点，便于沟通；
（3）防止遗漏。

4. 重新确认，减少误会及误差；
5. 切记：不到万不得已，千万不要打断对方讲话；不插嘴有三大好处：

（1）让对方感觉良好；
（2）让对方多说，以获得更多有用的信息；
（3）让对方说完整。

6. 对方停止说话后，停顿3～5秒你再说；这有三大好处：

（1）给对方继续说下去的时间；
（2）你可以利用这点时间组织语言；
（3）让对方觉得你说的话是经过大脑的，可信度比较高。

7. 不明白的地方见机追问；追问有两大好处：

（1）使你尽可能听懂他的意思；
（2）让对方觉得你听懂了。

8. 倾听时，不要组织语言；

因为在对方讲话时，你在组织语言就很有可能错过对方讲话的某些内容，造成误解。

9. 倾听过程中，点头微笑；

好处是，起到肯定鼓励的作用，有利于让对方多说，让你“捕获”更多信息。

10. 不要发出声音；

因为发出声音可能会打断或影响到对方讲话。

11. 眼睛要注视对方鼻尖或前额；

此举能让对方觉得你的眼神比较柔和。注意：千万不要把眼睛直接盯住对方眼睛。

12. 坐好位置。

尽量避免与对方面对面而坐，坐在对方对面容易让对方有一种对立的感觉；不要让顾客面对门或者窗而坐，这样的位置易让顾客分心，最好让顾客面朝壁墙，这样容易让顾客安心听讲，免受干扰。

再来看看沃尔玛的创始人山姆·沃尔顿的倾听法则。山姆·沃尔顿一生都在勤勉地工作。在他60多岁的时候，每天仍然坚持从早上4点半开始工作，一直到晚上。他还常常自己开着飞机，从一家分店跑到另一家分店，每周至少有4天花在这类访问上，有时甚至6天。

后来，公司壮大了，山姆不可能遍访每家分店了，但他还会跑到自己的超市里，专门去听购物的老太太们的抱怨，然后用行动消除掉这些不满。

山姆正是通过听员工、听顾客、听各个分店的声音，了解沃尔玛的运营、顾客的需求，从而不断完善自身的服务以及管理方式，进而获得了巨大的成功。

顾客爱听什么，你就说什么

不少销售员抱着要打动客户的心理，总是使尽浑身解数，旁征博引，在客户面前喋喋不休。最终却发现客户对你的话不感兴趣，而且过于冗长的谈话易使客户产生厌恶情绪。

每个人都有自己感兴趣的东西，有自己擅长的事物，比如有的人喜欢园艺，有的人喜欢琴棋书画，有的人擅长烹饪，有的人对神秘现象着迷等等。总之，每个人都有一项或是多项兴趣，聪明的销售员善于察言观色，在不断地发问中迅速发现客户的兴趣点。

你可以设法在短时间里，通过敏锐的观察初步了解他：他的发型、他的服饰、他随身带的提包、他说话时的声调及他的眼神等，都可以给你提供了解他的线索。如果他是屋子的主人，了解他便会有更多的依据：墙上挂的画，客厅的摆设，台板下的照片，书房里的书等等，这一切都会自然地向你表露关于主人的情趣、爱好和修养等。如果能在事前深入调查对方的情况，这对于彼此的交谈是十分有利的。

例如：你去拜访陌生的客户，在院子里看到一条小狗而未引起注意，恰恰它是一条人见人爱的小狗，主人十分喜爱它。而你见到他家的狗却没有一丝反应，无形中也许就错过了机会——一个博得客户好感的机会。但如果你当时亲昵地拍拍小狗，说一句："多漂亮多可爱的小狗啊！"那么成功的机会也许就会多一分。

类似的赞美有：

"您的宝贝长得真惹人喜爱！"

"这些花长得真漂亮，是您一手栽培的吧？"

……

这种真心诚意的赞美不仅不会让人讨厌、感到肉麻，反而让人感到自己的价值，使你的潜在顾客从心理上认同你，从而增加接受你推销的可能性。

另外还有一种赞美式的寒暄：

"您家真漂亮，可以上杂志了！"

"哟，一家老小都在这儿，真羡慕！"

……

细微之处见真章！很多时候，越看似"不足挂齿"的地方，我们越要赞美，往往能收到奇效！

【案例一】

有一位顶尖的汽车推销员，靠着观察和赞赏客户细微的地方，赢得了无数的订单。

有一天，这位推销员要把产品推销给一对夫妇。这对夫妇结婚已经10年，但一直没有孩子，为了弥补这一缺憾，夫人便养了几只小狗，还对它们百般疼爱。

这位推销员一眼就看出了夫人十分疼爱小狗，于是，他就对夫人养的狗大加赞赏，说这种狗的毛色纯正、有光泽、黑眼睛、黑鼻尖，是最名贵的一种。他对狗的赞美，说得那位夫人飘飘然的，以为自己拥有了世界上最名贵的狗，于是，她情不自禁地对推销员产生了好感。很快，她便答应了让他周日来和自己的丈夫面谈。

先生一下班，夫人便兴高采烈地对他说："你不是说要买车吗？我已经帮你约好了，周日汽车公司的人就来洽谈。"

没想到先生生气了："我是说过要换车，但没说现在就买呀！"其实，先生是想买一辆车，他的车已经旧的不成样子了，但他是优柔寡断的人，一直拿不定主意是否该买车。

周日那天，推销员上门来了。他看出了先生是个优柔寡断之人，便对这位先生进行了一番有针对性的赞美，使得这位先生痛快地买下了这位推销员的车。

【案例二】

杰尔·厄卡夫是美国自然食品公司的推销冠军。这天，他像往常一样将芦荟精的功能、效用告诉顾客，但女主人并没有表示出多大的兴趣。杰尔·厄卡夫立刻闭上嘴巴，开动脑筋，并细心观察。

突然，他看到主人家的阳台上摆着一盆美丽的盆栽，便赞美道："好漂亮的盆栽啊！平常真的很难见到。"

"没错，这是一种很罕见的品种，叫嘉德里亚，属于兰花的一种。它真的很美，美在那种优雅的风情。"

女主人听到他对自己盆栽的赞美，来了兴致。

"这个宝贝很昂贵的，一盆就要花八百美金。"

"什么？八百美金？我的天哪！每天是不是都要给它浇水呢？"

"是的。每天都要很细心地养育它……"

于是，女主人开始向杰尔·厄卡夫倾囊相授所有与兰花有关的学问，而他也聚精会神地听着。

最后，这位女主人一边打开钱包，一边说："就连我的先生也不会听我唠唠叨叨讲这么多，而你却愿意听我说了这么久，甚至还能够理解我的这番话，真的太谢谢你了。希望改天你再来听我谈兰花，好吗？"

随后，她爽快地从杰尔·厄卡夫手中接过了芦荟精。

【案例三】

纽约有一家很知名的杜维诺父子面包公司，他们是如何做大的，有个故事可见一斑。

杜维诺一直试图将面包营销到纽约一家大饭店。连续四年，他每天都要打电话给该饭店的经理，还参加过有那个经理出席的社交聚会。他甚至在饭店住了下来，想以此示好以求成交。但是，这些努力看来都是白费心机。那个经理很难接触，他根本就不在意杜维诺父子面包公司的产品。

杜维诺说："在研究过他的为人处世之后，我决定改变策略。我决定要找出那个人最感兴趣的是什么——他所热衷的究竟是什么？"

"后来我终于发现，他是一个叫作'美国旅馆招待者'的旅馆人士组织的一员。不仅如此，由于他很热情，还被选为主席以及'国际招待者'组织的主席。不管会议在什么地方举行，他都一定会出席，即使是跋山涉水。"

"因此，这次我见到他时，我就开始和他聊那个组织。我看到他的反应十分强烈，我们聊了半个多小时，都是有关他的组织的，他非常高兴。我可以看出来，那个组织是他的兴趣所在，是他生命的火焰。在我离开他的办公室之前，他还卖了一张他组织的会员证给我。"

"虽然我一点也没有提面包的事，但几天后，他饭店的厨师就打电话给我，要我将面包样品和价目表送过去。"

"'我不知道你对我们的经理做了什么手脚，'那位厨师对我说，'他可是个很固执的人。'"

"想想看吧，我整整缠了他四年，还为此租了你们的房子。本来为了做成这笔生意，我可能还要缠他很久。"杜维诺感慨地说，"不过感谢上帝，我找出了他的兴趣所在，知道他喜欢听什么内容的话。"

你看，和对方找到共同话题达到共鸣，让你轻松，他高兴，可谓皆大欢喜。

那么，怎么找到话题呢？可以从以下几个方面着手。

1. 选择众人关心的事件为话题。这类话题是大家想谈、爱谈、能谈的，人人有话，自然就能说个不停了，以至引起许多人的议论和发言，导致"语花"飞溅。

2. 巧妙地借用彼时、彼地、彼人的某些材料为题，借此引发交谈。有人善于借助对方的姓名、籍贯、年龄、服饰、居室等，即兴引出话题，常能取得较好的效果。关键是灵活自然，就地取材，其重点是要思维敏捷，能达到由此及彼的联想。

3. 先提一些“投石”式的问题，在略有了解后再有目的地交谈，便能谈得更为自如，如在乘火车时见到陌生的邻座，便可先“投石”询问：“老兄你是哪里人呀？”这就有了和对方产生共鸣的机会。

4. 问陌生人的兴趣，循趣发问，能顺利地进入话题。如对方喜欢瑜伽，便可以此为话题，谈练习瑜伽的好处。如果你对瑜伽略通一二，那肯定谈得投机；如你对瑜伽不太了解，那也正是个学习的机会，可静心倾听，适时提问，借此大开眼界。

5. 在缩短距离上下功夫，力求在短时间内了解得多些，缩短彼此的距离，达到感情的融洽。孔子说：“道不同，不相为谋。”志同道合才能谈得来，才能够发生共鸣。

没有人会喜欢一个谈话时只讲他自己而不关心对方的人。人们只愿意和那些与自己有共同话题的人交往。想要与别人的特殊兴趣建立特殊的关系，你要牢记的是，你必须表现出你的真实兴趣，仅仅说几句感兴趣的话是不够的。如果在对方的询问下，你不能掩饰住你缺乏真正的兴趣，就可能会弄巧成拙。

往往越是值得你与他接近的人，你就越应该努力对他感兴趣的事作进一步的了解，让你们的交谈能更加深入。推而广之，他也会乐意提供你所需要的帮助，在许多事情上彼此也都愿意合作了。

另外，投其所好应做到谦虚谨慎又不卑不亢，要掌握好尺度，注意好分寸，切忌口是心非、夸夸其谈、阿谀奉承、吹牛拍马，否则只能令对方心生厌恶而事与愿违。

面对突发情况，一句话搞定

美国有家生产乳制品的大工厂，某日来了一位怒气冲天的顾客，他不客气地对厂里的负责人说：“先生，我在你们生产的乳制品中发现一只活苍蝇，我要求你们赔偿我的精神损失。”之后这位顾客提出一个近乎天文数字的赔偿数目。

在美国，像这种乳制品生产线的卫生管理是相当严格的，为了防止乳制品发生氧化反应而变质，每次都要将罐内所有的空气抽出，然后灌入一些无氧气体后再予以密封，在这种严格条件下生产的乳制品，根本不可能会有活的苍蝇在里面。

由于这个事件关系到公司的声誉，这位负责人不好立即揭穿那人的骗局，只是很有礼貌地请他到会客室里，坐下来详谈。这位顾客以为有机会得逞，不禁得意扬扬，一边走还一边破口大骂。

当这名顾客第三次提出抗议并要求赔偿时，负责人很有风度地为对方倒了杯水，然后慢条斯理地说："先生，看来真有你说的那么回事，这显然是我们的错误，你放心，你会得到合理的赔偿。由于这个问题事关重大，我们绝对不会忽视。这样吧，你稍等一下，我马上命令关闭所有的机器，以查清错误的来源。因为我们公司有项规定，哪一个生产环节出现失误就由哪位来负责，待我把那位失职的主管找出来，让他给你赔礼道歉。"

说完后，负责人一脸严肃地命令一位工程师："你马上去关闭所有的机器，然后停产检查。虽然我们的生产流程中不应该会有这种失误，但这位先生既然发现了，我们就有义务给顾客一个满意的答复。"

那位顾客本来只是想用这个借口来诈骗一些钱财，并没有料到自己的骗招会引起如此严重的后果，顿时担心自己的花招被拆穿，那样一来他会被要求赔偿整个工厂因停工而造成的损失，那么即使他倾家荡产也赔不起。于是他开始感到害怕，并且嗫嚅道："既然事情这么复杂，我想就算了，只是希望你们以后不要再发生类似的事情。"他给自己找了个台阶，想趁机溜走。

这时，那名负责人叫住他，诚恳地对他说："非常感谢你的支持和理解，为了表示我们的感激，以后你购买我们的食品，均可享受八折优惠。"说完递给他一张八折优惠卡。

本来已忐忑不安的顾客竟得到了这一意外收获，羞愧之余，自是十分惊喜和感动。从此他成了这家公司的忠实买家和义务宣传员，让更多的人认同这家公司的乳制品。

案例中，那位工厂负责人不仅掌握了对方的心理，用"攻心"说话术揭穿对方的骗局，而且还反过来"绑架"那位顾客的想法，使他从此以后成为公司最有效的广告宣传员。他用的就是"顺水推舟"的策略，确实是处理突发事件的高手。

话术攻心，商机才能到手

《孙子兵法》里有条很有名的作战原则：“攻心为上，攻城为下。”用什么方法都不如攻心有效，这是古往今来已被无数事实证明了的一条永恒的定律。事实上，在办事的时候，这条原则同样有效。

所谓“攻心计”，就是在说话办事时，打动对方，以达到自己的目的。只有打动对方，对方才愿意按照你的意愿来做事，你办事的时候才容易成功。

英国《每日邮报》上曾经登过这样一个真实的故事：英国一名八旬老妪临危不乱，凭借一把切肉刀，将持刀闯入家中的盗贼赶出家门。而老妇人危急中威吓歹徒的话，恰好重演了曾风靡一时的影片《鳄鱼邓迪》中男主角勇斗歹徒时的经典台词，被人们传为佳话。

这位老太太名叫威妮弗雷德·惠兰，当时她正在睡觉，被一个持刀蒙面的人惊醒后，便尖叫着跑到楼下客厅，冲入厨房。

她抄起一把切肉的大刀，模仿着电影《鳄鱼邓迪》中的演员保罗·霍根对抗劫匪的经典一幕，对歹徒呵道：“你那个也叫刀子？”她把尖刀指向盗贼的腹部说，“我这把才是真正的刀子呢！”盗贼吓得目瞪口呆。

回想起这一幕，惠兰说：“盗贼的凶器长约10英寸，而我的切肉刀大概有14英寸长。”

这位八旬老妪不费一刀一枪，也未损失一丝一毫，竟让手持利刃的劫匪狼狈而逃，靠的是什么？靠的是处变不惊和泰然自若的“攻心计”。劫匪本来就做贼心虚，竟碰上一个敢耍刀与他叫板、目中无人的老太太，自己锐气顿失，哪还有抢下去的胆量呢？此时，老太太的语言成了歹徒心理的控制阀门，影响了歹徒的心态，左右了歹徒的行为，化解了一场危机。

在办事时，控制对方的心理同样有举足轻重的作用。古人云：得人心者得天下。如果能获得对方的心，那还有什么事他不能替你办呢？只有笼络住了对方的心，对方才会心甘情愿地替自己办事。因此，办事高手都善于运用攻心的战略，在各种场合都能巧妙地碰触到对方心理的雷区，施展攻心计，屡试不爽。

一张发黄的照片，做成一单23架飞机的生意，听起来像是天方夜谭。然而，在这个世界上确有这样的事实。将这看似不可能的事，变成现实的人，他的名字叫贝尔纳·拉迪埃。

贝尔纳·拉迪埃是空中客车飞机制造公司的销售能手，当他被推荐到空中客车公司时，面临的第一项挑战就是向印度销售飞机。这是一项棘手的任务，因为这笔交易已由印度政府初审，未被批准，能否重新寻找到成功的机会，全看销售代表的谈判本领了。

作为销售代表，拉迪埃深知肩上的重任，他做了精心策划。经过周密部署，他胸有成竹地飞赴新德里。接待他的是印度航空公司的主席拉尔少将。

“正因为您，使我有机会在我生日这一天又回到了我的出生地，谢谢您！”一下飞机，拉迪埃紧握谈判对方的手，非常感激地说。

这是一句非常得体的开头语，它看似简明扼要，其实内涵极为丰富。它表达了两层意思：一是感谢主人慷慨赐予的机会，让他在自己生日这个值得纪念的日子来到贵国；二是印度是他的出生地。而后者更有意义，共同的故乡，拉近了拉迪埃与拉尔少将的距离。

“先生，您出生在印度吗？”少将冷漠的脸上露出一丝微笑。

“是的，”拉迪埃打开了话匣子，“39年前的今天，我出生在贵国名城加尔各答。当时，我的父亲是法国歇尔公司驻印度代表。印度人民热情友好，我们全家在贵国度过了一段美好而难忘的时光……”

接着，拉迪埃娓娓动人地叙述起他美好的童年生活：“在我过3岁生日的时候，邻居的一位印度老大妈送给我一件可爱的玩具，我和印度小朋友一起坐在象背上，度过了我一生中最幸福的一天……”

拉尔少将越听越入迷，竟被深深感动了，当即提出邀请，诚心诚意地说：“您能来印度过生日真是太好了，今天我想请您共进午餐，表示对您生日的祝贺。”

汽车驶往饭店途中，拉迪埃打开公文包，取出一张颜色已经泛黄的合影照片，双手捧着，恭恭敬敬地递给拉尔。

“少将先生，您看这照片上的人是谁？”

“这不是圣雄甘地吗？”拉尔吃惊地说道。

“是呀！您再仔细瞧瞧左边那个小孩儿，那就是我。4岁时，在我和父母一道回国途中，十分荣幸地和圣雄甘地同乘一艘轮船，这张合影就是那次在船上拍的。我父亲一直把它作为最珍贵的礼物收藏着。这次，我还要拜谒圣雄甘地的陵墓，以表示对这位印度伟人的思慕之情。”

在合照上，甘地十分喜欢小拉迪埃，这让拉尔不得不对拉迪埃另眼看待。

“我非常感谢您对圣雄甘地和印度人民的友好感情！”拉尔少将热泪盈眶，紧紧握住了拉迪埃的手。

不用说，拉迪埃的印度之行取得了成功。

一张发黄的照片，敲定了一单23架“空客300”型飞机的生意。

后来用拉尔少将的话来说：“在我一生当中，还没有一个人是拿着甘地的照片向我推销飞机的人，拉迪埃是第一个，所以我无法拒绝。”

拉迪埃的这一招，恰到好处地运用了“攻心为上”之术。他首先说的一句话即巧妙地赞美了对方，引起将军的好奇心理，诱发他的倾听兴趣；接着，他由自己生平的介绍解除了对方“反推销”的警惕和抵抗，拉近了双方的距离；最后，又用和甘地的合影彻底打动了对方，由此产生感情共鸣，也正是成交的时机。可以说，拉迪埃的这次生意，是情感推销的完美范例。

华克公司在费城承包了一项建筑工程，并被要求在一个指定的日期内完工。开始计划进行得很顺利，不料在接近竣工阶段，负责供应外部装饰铜器的承包商突然宣布：他无法如期交货了。糟糕，这样一来，整个工程都要耽搁了。要付巨额罚金和遭受重大损失！

于是，长途电话不断，双方争论不休，一次次交涉无果。华克公司只好派高先生前往纽约，到狮穴去拔“狮须”。

高先生一走进那位承包商的办公室，就微笑着说：“你知道吗？在布鲁克林区，有你这个姓氏的人只有一个。”承包商感到很意外："这，我并不知道。"

"哈！我一下火车就查阅电话簿想找到你的地址，结果巧极了，有你这个姓的只有你一个人。"

"我一向不知道。"承包商兴致勃勃地查阅起电话簿来。"嗯，不错，这是一个很不平常的姓。"他有些骄傲地说，"我这个家族从荷兰移居到纽约，几乎有两百年了。"

他继续谈论他的家族及祖先。当他说完之后高先生就称赞他居然拥有一家这么大的工厂。承包商说："这是我花了一生的心血建立起来的一项事业，我为它感到骄傲，你愿不愿意到车间里去参观一下？"

高先生欣然前往。在参观时，高先生一再称赞他的组织制度健全，机器设备新颖，这位承包商高兴极了。他声称这里的一些机器还是他亲自发明的呢！高先生马上又向他请教：那些机器如何操作？工作效率如何？到了中午，承包商坚持要请高先生吃饭，他说："到处都需要铜器，但是很少有人对这一行像你这样感兴趣的。"

到此为止，你一定注意到高先生对他此行的真正意图只字未提。

吃完午餐，兴趣盎然的承包商对他说："现在我们谈谈正事吧。我知道你是为什么而来的，但我没有想到我们的相会竟是如此愉快。你可以带着我的保证回去，我保证你们的货如期运到。我这样做会给另一笔生意带来损失，不过我认了。"

高先生成功了，大厦如期竣工。

高先生不愧为高手，当他作为华克公司的最后一张牌亮出的时候，他清楚地知道此行的困难。他没有像一般人那样去赞美那些普通的事情，也没有直接去倾轧他的对手，而是通过电话簿上一个小小的信息找到了进入谈话状态的管道，其细致之处，让人叹为观止！

由姓氏的特殊性引起了对方的注意力，触动了对方对自己家族发展的慨叹，对事业有成的喜悦之情，从而使高先生自己由"敌人"转变成"知音"，接着又在承包商动情之处加以附和，最后得到了一顿欢迎的午餐和一个生意上的保证。

拉迪埃和高先生的手段有异曲同工之妙，都是有一双慧眼抓住了别人没有注意到的东西，避开锋芒，绕开人们关注的焦点，达到"曲径通幽处，巧言至诚心"的最佳效果。

第七章

会不会说话，来场辩论就知道

成功的辩论不仅需要锋利的言辞、缜密的思维、铿锵有力的语调，还必须动之以情。即利用较强的表演手法、较美的文字语言、较深的感情，把自己的真挚感情融入对方及观众的内心，使之沸腾，并最终用感情战胜对方。

借题发挥不只是女人的专利

经验丰富的辩论家善于抓住一切机会，或接过对方的话头，或借助辩论环境中的各种事物、场景加以联想，找出它们与自己所要表达的观点之间的关联性和相似性，抓住一点加以发挥，不仅可化被动为主动，还能产生一种巨大的语言冲击力，让对方在暗自欣喜中突遭当头棒喝，措手不及。

周总理博古通今，文思敏捷，说话幽默，在世界外交史上有“铁嘴”外交家的美誉。

一位美国记者在采访周总理的过程中，无意中看到总理桌子上有一支美国产的派克钢笔，他带着几分讥讽的口吻问道：“请问总理阁下，你们堂堂的中国人，为什么还要用我们美国产的钢笔呢?”

周总理接过话头朗声笑答：“提起这支钢笔，说来话长，这不是支普通的笔，是一位朝鲜朋友抗美的战利品，他作为礼物赠送给了我。我无功不受禄就想谢绝。朝鲜朋友说，留下做个纪念吧！我觉得有意义，就留下了这支贵国生产的钢笔。”

美国记者一听，顿时哑口无言。

这是典型的“自搬石头砸自己的脚”。这位美国记者不知好歹，企图借派克钢笔讥笑中国贫穷落后，连好一点的钢笔都不能生产，还要从美国进口。周总理不动声色，巧妙地借助对方的话题引申发挥，以“战利品”“做个纪念”等词语暗示了中国的强大，语言风趣幽默，又颇有力度，让美国记者自讨没趣。

下面故事的主人公更是妙语迎战挑衅。

【衣袖上的破洞】

俄国学者罗蒙诺索夫生活简朴，不太讲究衣着。有一次，有一位衣冠楚楚但又不学无术的德国人，看到罗蒙诺索夫衣袖肘部有一个破洞，便指着那里挖苦道：“从那儿可以看到你的博学吗？先生。”

“不，一点也不！先生，从这里可以看到愚蠢。”这人顿时羞得面红耳赤。

德国人借衣服的破洞小题大做，贬损别人，暴露了他的无知。罗蒙诺索夫选择了与博学相对立的愚蠢，准确地回敬了对方，使对方自食其果。

【只认衣裳不认人】

清朝嘉庆年间，洛阳才子孟习欧，因事至一裁缝处。裁缝见孟习欧衣着平平，故态度冷淡。孟习欧见其事忙，告之稍后再来，即外出散步。

一会儿，孟习欧散步回来，裁缝一反常态，对他非常敬重。原来，有人告诉裁缝："他就是大名鼎鼎的孟习欧。"

裁缝说："听说先生诗作得好，请赐大作。"

孟习欧略一沉思，即说道："裁缝离不开针，就以针为题吧。一条钢针明粼粼，拿在手中抖精神，眼睛长在屁股上，只认衣裳不认人。"

孟习欧面对裁缝的势利心理，巧借裁缝的常用工具——针为题，对势利之人进行了尖锐的讽刺。

【拿双薪的脸蛋】

一次，俄罗斯著名马戏丑角演员杜罗夫去观摩演出。幕间休息时，一个傲慢的观众走到他跟前，讥讽地问道："丑角先生，观众对你非常欢迎吧?"

"还好。"

"作为马戏班中的丑角，是不是必须生来有一张愚蠢而又丑怪的脸蛋，就会受到观众的欢迎呢?"

"确实如此。"杜罗夫悠闲地回答，"如果我能生一张像先生您那样的脸蛋的话，我准能拿到双薪!"

这个观众只好灰溜溜地走了。因为他懂得杜罗夫的意思是：如果我不是由于表演艺术得到观众好评，而是由于生有一张愚蠢而丑怪的脸，才受到观众欢迎的话，那么你的脸更加愚蠢和丑怪，就可以拿双薪了。

20世纪50年代初，有一次周恩来总理在中南海勤政殿设宴招待外宾，客人对中国菜肴花样之繁多、风味之独特、味道之鲜美都赞不绝口。这时候上来一道汤，汤里的冬笋、蘑菇、红菜、荸荠等雕成各种图案，简直就是精美的工艺品。然而，冬笋片是按民族图案“万”字的形状刻成的，在汤里一翻身，恰巧成了法西斯的标志“卐”。贵宾见此，不禁大吃一惊，忙向周恩来请教。

周总理先是愣了一下，随即神态自若地对翻译说：“这不是法西斯的标志，这是我国传统图案，叫‘万’字，有‘福寿绵长’的意思，是对客人的美好祝愿！”接着他又风趣地说，“就算是法西斯标志也没有关系嘛！我们大家一起来消灭法西斯，把它吃掉！”顿时，宾主哈哈大笑，气氛更加热烈，这道汤也被客人们喝得精光。

周总理不愧为伟大的政治家、外交家、语言家。面对突变的环境和突发性的问题，沉着应变，以他渊博的知识和巧妙的应对，既按中国的传统做了正确的解释，又退一步说，即使是法西斯标志，也正好消灭它。从容、机敏、风趣，将一件可能引出不良反应的事，在谈笑声中烟消云散了。

一个意想不到的被动场面，周总理只用了三言两语就化解了尴尬，宴会的气氛更加活跃了。

借题发挥常借其人之道，还治其人之身。

小约翰放学回来，将成绩单交给父亲签名，父亲一看有两门功课不及格，就冲着约翰怒气冲冲地喊道：

“约翰，你知道吗？华盛顿像你这个年龄时已经是全校最优秀的学生了。”

约翰不慌不忙地回答：“是的。你知道吗？爸爸，像你这个年龄时华盛顿已经是美国总统了。”

约翰“以父之矛，攻父之盾”，顺着父亲的话题，得出一个既合乎逻辑规律，又能反驳对方论题的结论，令人忍俊不禁。

一次，英国一家电视台采访中国作家梁晓声，现场拍摄采访的过程。采访的英国记者四十多岁，老练机智得有些滑头。采访进行一段时间后，他让摄影机停了下来，走到梁晓声跟前说：“下一个问题，希望您做到毫不迟疑地回答，最好只用简短一两个字，如‘是’与‘否’来回答。”梁晓声点头认可。

接着，遮镜板“啪”的一声响，话筒立即伸到梁晓声嘴边。记者问：“没有‘文化大革命’，可能也不会产生你们这一代作家，那么‘文化大革命’在你看来究竟是好还是坏？”

梁晓声略微一怔，对方的提问竟如此之刁，分明有诓人之意。由于这句问话的大前提不真实，若做简短回答，无论怎么说都将陷入进退维谷的两难境地。摄影机对着梁晓声“嗒嗒嗒”在响，简答不行，沉默或争辩也都不利。

机敏的梁晓声立即来了个反问：“没有第二次世界大战，就没有因反映第二次世界大战而出名的作家，那么您认为第二次世界大战是好是坏？”

回答得如此之妙，把英国记者抛出的足球一脚踢了回去。英国记者同样不能回答自己精心设计的难题，一时怔在那里，无言以对，摄影机反倒拍下了英国记者的尴尬相。

运用借题发挥需要注意：

（1）借题要恰当自然。即借言和真正表达的事理具有合理性。

（2）发挥要适度。发挥的过程要构成顺水推舟之势，中肯而恰如其分，不要牵强附会。

出其不意的断句才有效果

停顿是戏剧家的悬念；
停顿是音乐家的休止符；
停顿是留给听众思考的空间；
停顿是留给自己回旋的余地。

——舒曼

有经验的演讲家，爱制造悬念。他在掌声最热烈时上台，在掌声快结束时开始自我介绍：“我是……”当听众开始交头接耳，他突然停顿下来，而使整个会场立即鸦雀无声。此时，他才抬高嗓门，放开声调演讲。这样的人，不愧为擅长抓住听众心理的行家里手。

且看周总理超牛语录：

有一次，周恩来同国民党代表谈判。在我方义正词严面前，对方理屈词穷，恼羞成怒地叫嚷："简直是对牛弹琴！"

周恩来听后淡淡一笑，慢条斯理地说道："对！牛弹琴！"

面对国民党代表的一派胡言，周恩来将计就计，机敏地接过对方抛过来的成语"对牛弹琴"，巧用停顿，妙改语意，将对方的攻击变成了反击对方的利器，体现了舌战场合中"四两拨千斤"的神效。

一位西方记者问周总理："请问总理先生，现在的中国有没有妓女？"不少人纳闷：怎么提这种问题？大家都关注周总理怎样回答。周总理肯定地说："有！"全场哗然，议论纷纷。周总理看出了大家的疑惑，补充说了一句："中国的妓女在我国台湾省。"顿时掌声雷动。

这位记者的提问是非常阴毒的，他设计了一个圈套给周总理钻。新中国成立以后关闭了内地所有的妓院，原来的妓女经过改造都已经成为自食其力的劳动者。这位记者想：问"中国有没有妓女"这个问题，你周总理一定会说"没有"。一旦你真的这样回答了，就中了他的圈套，他会紧接着说"台湾有妓女"，这个时候你总不能说"台湾不是中国的领土"。这个提问的阴毒之处就在于此。当然周总理一眼就看穿了他的伎俩，这样回答既识破了分裂中国领土的险恶用心，也反衬出大陆良好的社会风气和台湾的对比。周总理考虑问题周密细致，同时反应迅速，令人不得不佩服！

停顿是指一句话、一段话中，演讲者有意换气或进行长短不等的时间间隔。这种停顿既是人的生理上的需要（说话时需要换气），也是表达思想感情的需要。谈话和演讲如果不注意停顿，是无法传情达意的；如果没有恰当的停顿，有时会造成表意的错误。同样，好的停顿处理，显示了说话者非凡的智慧。

英国的一位议员在一次关于建筑工人的演讲中，突然停顿，取出怀表，站在讲台前一声不响地看着听众，时间长达20秒。正当听众疑惑不解时，议员说："诸位适才所感觉到的局促不安的20秒，就是普通工人垒一块砖所用的时间。"

议员用停顿的方式表现演讲内容实属高超，这是吸引听众注意力的一种方法。当时伦敦各大报纸都将此事争相刊登。

一般来说，停顿有三种：一是自然停顿，即词语或句子间的自然间隔；二是文法停顿，即讲稿中出现停顿符号；三是修辞停顿，即出于某种修辞效果的需要而做的停顿。

停顿是演讲中一种非常有效的表达艺术。演讲中恰当运用停顿艺术，不但不会使演讲散乱，反而能使整个演讲起伏跌宕，让听众得到一种美的享受。

【题扇漏字　化诗为词】

解缙是明朝大才子、书法家，主持纂修《永乐大典》，学富五车又善于应对，因其机智敏捷，摆脱了多次窘境。

有一次，永乐皇帝要解缙在他的一把外国贡品扇上题字，解缙写了王之涣的《凉州词》："黄河远上白云间，一片孤城万仞山。羌笛何须怨杨柳，春风不度玉门关。"

可是他一时疏忽，把诗中的"间"字漏掉了。他的对头汉王高煦发现后，向皇帝奏道："解缙自恃其才，目无君主，竟敢趁写扇之机，有意漏字戏君欺主，如此狂乱之徒，今不杀之，后必酝酿大患!"

皇帝一看，果然如此，便大喝一声："武士们将他带下，推出去斩了!"

这时，解缙却哈哈笑了："圣上请息怒，听为臣慢慢解释。这是我作的一首《凉州词》，和唐代诗人王之涣的《凉州词》仅一字之别。与我有宿怨的人，妄想借此蒙蔽圣上，置我于死地。"他指着扇面说："王之涣的《凉州词》实为诗而不是词，所以有个'间'字。我作的这首《凉州词》实为词不为诗，当然没有'间'字。"

皇帝说："既然如此，你就当着文武百官的面读读你的《凉州词》吧，大家认可了，联不问罪，而且还重重有赏；如若不然，立即斩首。"

解缙叩头谢恩，立起身来，当众念道："黄河远上，白云一片，孤城万仞山。羌笛何须怨，杨柳春风，不度玉门关。"

解缙巧用停顿，将一首诗读成了词，且念得有声有色，使人耳目一新，君臣赞不绝口，高煦也痴呆呆地一言不发。解缙凭着自己的聪明才智逢凶化吉，保住了性命，领赏而去。

由于古代汉语没有标点符号，因此，古代的条约合同也往往会因停顿不同而意义有别。

在民间还流传着这样一则故事：

从前有个财主，非常吝啬，一毛不拔。他想聘请先生教他儿子念书，却又舍不得多花钱，他对教书先生只管饭不管钱，来他家任教的人干不上几天就气跑了。

有个精通文理的老先生知道情况后，想整治他。于是找到财主，表示愿意任教。财主唯恐口说无凭，要老先生写一张契约，老先生写道："无鸡鸭也可无鱼肉也可唯青菜豆腐不可少不得学费。"财主接过一看，读成"无鸡鸭也可，无鱼肉也可，唯青菜豆腐不可少，不得学费。"满心欢喜，心想这回可捡到了一个大便宜，欣然签了字。

转眼到了年底，老先生抗议财主不给鸡鸭鱼肉吃，并讨要学费。双方争执不休，直闹到县衙门。县官升堂，老先生拿出契约念道："'无鸡，鸭也可；无鱼，肉也可；唯青菜豆腐不可；少不得学费。'现在财主既不给鸡鸭鱼肉吃，又不给学费，请大人公断！"

县官接过契约一看，拍案骂道："人哪有不吃饭不拿银子给你白干的，简直是混账！"立即判财主输了官司，罚他给老先生一百两银子。刻薄的财主哑口无言，只好认输。

这位教书先生巧用语句的不同停顿，使语义发生了变化，巧妙地戏弄了财主。

将语调升降与语句停顿结合起来使用，可使我们在论辩过程中取得主动权。

阿凡提专和巴依（财主之意）作对，有一位自作聪明的巴依为了报复，雇阿凡提为长工。一天，巴依和老婆下棋，把阿凡提叫到跟前说："阿凡提，大家都说你聪明，那你就来猜猜我们这盘棋的输赢吧。猜对了，我赏你1个元宝；猜错了，我打你20皮鞭。"阿凡提答应了，他当场铺开一张纸，写道："你赢她输。"

巴依看在眼里，故意把棋输给了老婆。他得意地对阿凡提说："你输了，该打你20皮鞭了！""慢，老爷，我猜对啦！"说完，阿凡提念道，"你赢她？输！"

这句话表达的是巴依输，老婆赢，巴依立刻没话说了，但狡猾的巴依说："不行，再猜一盘才算！"阿凡提又答应了。这一盘，巴依赢了他老婆。阿凡提打开纸一念："你赢，她输！"

巴依又没话说了，他又没打成阿凡提。"不！再猜一盘！这次你要是猜得对，我就一定把元宝赏给你；猜错了，就别怪我手下无情了！"阿凡提说："可以，不过这回你说话可得算数了。"这一盘，巴依和老婆故意下了和棋。阿凡提又打开纸念道："你赢？她输？"

这次阿凡提不肯定谁赢谁输，所以说他们和了。巴依想打阿凡提的诡计又落空了。

阿凡提根据情况的变化，读这四个字时选择了恰当的语调升降和语句停顿，终于斗败了巴依。

在现代汉语中，虽然有标点，但碰到稍长的句子，说话者为了表意的需要，在没有标点的地方也需做适当的停顿，如果不注意，乱加停顿，也往往影响语意的表达而陷入被动。

某单位调整工资以后，在一次总结会上，一位领导同志在报告时说："通过这次工资调整，极大地调动了职工的积极性，加了工资的和尚，未加工资的干部，都纷纷表示……"

"妙语"一出，全场听众愕然，纷纷指责道："我们这里又不是少林寺，怎么还有和尚？"

"怪不得我们这些人没长工资，原来把指标送给庙里了！"

这位领导所以闹出这种笑话，就是因为乱用停顿。

可见，说话中的停顿不是真空，言语中的暂时停顿装载着许多想象和智慧的力量；恰到好处地停顿，你的语言便可以锦上添花。

你说什么？我瞎，听不见！

石玲的女儿两岁半了，和妈妈感情最好。一天晚上睡觉前，妈妈和爸爸逗她玩："宝贝儿，妈妈和爸爸你最喜欢谁呀？"石玲满怀期待地看着女儿。

小家伙回答："我最喜欢爸爸妈妈。"

石玲不甘心，继续问道："那我和爸爸你最不喜欢谁呀？"爸爸此时有点儿紧张了，等着女儿会怎样回答。

谁知小家伙想了几秒之后说："我最不喜欢大灰狼。"

在许多交际场合或人际关系中，人们往往会碰到一些难以回答或具有挑衅性的问题。在这种特定情势中，既不能用尖锐的语言反唇相讥，又不能用保持沉默来消极回应。这时不妨以某种非逻辑的巧妙方式来作答。

一次记者招待会，周总理介绍我国建设成就。一位记者问："请问，中国人民银行到底有多少人民币？"这个问题既不能厉声拒答，伤了和气，又不能直言相告，泄露国家机密。

周总理略加思索，微笑着说："有18元8角8分。"

在场的人全都愕然。

总理解释说："中国人民银行发行的面额为10元、5元、2元、1元、5角、2角、1角、5分、2分、1分的10种主辅人民币，合计为18元8角8分。"

出席招待会的中外嘉宾，听了无不点头称是，无不佩服周恩来总理过人的应变能力和高超的语言艺术。

按人之常情与世之常理，对于友好的邀请，欣然接受显然胜于断然拒绝。但是，鉴于生活的复杂性，有时却偏偏不能应允，那么，该怎么办？

请听庄子《秋水》中关于神龟的故事：

一次，庄子正在河边悠然地钓鱼，突然来了两位楚王的使臣，他们恭恭敬敬地对庄子说："先生，我们大王想请您到朝廷做官，您同意吗？"庄子无意当官，直截了当地拒绝又有失礼貌，于是做了一个这样的回答：

"我听说楚国曾有一神龟，已死去三千多年了。大王对它十分敬仰，用精美的竹器盛着，上面还盖着极华贵的丝巾，高高地供在庙堂之上。不过有一点我搞不明白，你们替我说说看，那就是，在那只龟自己看来，究竟是死了后被人把骨头当作宝贝高高地供起好呢，还是像生前那样快活地生活在泥里摇头摆尾好呢？"两位使者不假思索地回答："当然是快活地在泥里摇头摆尾好呀！"庄子听了也立即答道："那么二位请回，且容我继续在泥里摇头摆尾吧！"

请注意这段妙答，既是温暖的又是明确的，即便是拒绝，也可以拒绝得礼貌得体。

装傻充愣是答非所问的一种，即回答别人的问题时，利用语言的歧义性和模糊性，故意错解对方的话意，说东答西。这种说话方式通常能产生特别的幽默感，出奇制胜。

美国前总统威尔逊任新泽西州州长时，曾接到电话，说他的一位朋友——新泽西的议员去世了。威尔逊悲痛不已，立即取消了当天的一切约会。几分钟后，一政客打来电话："州长，"那人支支吾吾地说，"我，我希望能代替那位议员的位置。"

"好吧，"威尔逊对这种迫不及待想当议员的态度感到恶心，他慢吞吞地回答说，"如果殡仪馆没有意见的话，我本人完全同意。"

那位打电话的政客所说的要代替的"位置"，自然是政治地位，对于这一点，威尔逊当然不可能不知道，他故作无知把政客所要代替的"位置"利用语言的歧义说成是"死人躺下的地方"，弄得对方啼笑皆非，有力地嘲弄了钻营者。

某人拿了一份诗稿到报社要求发表，编辑看后说："这诗是你写的吗？"那人毫不脸红地说："是的，每一句都是我写的。"编辑装得很认真地说："拜伦先生，看到您很高兴，我以为你已经死了一百多年了。"

面对抄袭拜伦的诗作且厚颜无耻者，如果编辑直截了当地说："你这首诗是抄拜伦的，我们不能发。"那就显得太平淡。这位编辑对抄袭者所言看似疯话，实则颇具幽默意味，对抄袭者从精神上人格上都是辛辣挖苦，同时也体现了这位编辑极深的文化涵养。

有个爱缠人的先生盯着小仲马问："您最近在做些什么？"

小仲马平静地答道："难道您没看见？我正在蓄络腮胡子。"

小仲马表面上好像是在回答那先生，其实并没给他什么有用的信息。他意在暗示那位先生：不要再纠缠了。

在谈判中利用这种幽默技巧也能起到让对方摸不清己方虚实的作用，从而赢得谈判的主动权。

你这么蛮横，我也只能不讲道理

在人际交往中，有时会不可避免地面对一些巧言诡辩、强词夺理的家伙提出的谬论，难以正面反驳。语言智者们往往采取以彼之道还施彼身的方法，以对方的论点为前提，将其推理到非常明显的荒谬结论，从而证明对方论点的虚假性，把对方逼到进退维谷的境地。简称归谬法。

【喝了牛奶，你就有牛的血统】

斯特·朗宁，加拿大外交官。生于湖北襄樊，其父母是到中国传教的传教士。30 岁时，他在加拿大参加省议员竞选，他的竞选对手竭力寻找攻击他的把柄。当他们得知朗宁从小是喝中国奶妈的乳汁长大的，如获至宝。在正式竞选的那一天，当朗宁发表了成功的竞选演说后，反对派们便齐声起哄："朗宁喝过中国人的奶汁，身上有中国血统。怎能让一个具有中国血统的人当选为加拿大的议员呢?"

全场顿时一片哗然。

朗宁镇定地登上演讲台，目光炯炯地扫视一周，声音洪亮地回答："我朗宁不回避小时候喝过中国人乳汁的事实，但按照刚才几位先生高明的逻辑，喝什么奶就具有什么血统的话，那么，在座的先生如果喝过加拿大人的乳汁，那是否意味着你们有加拿大人的血统呢？假如刚才这几位发话的先生既喝过加拿大人的乳汁，又喝过加拿大牛的乳汁，那你们是具有加拿大人的血统呢，还是具有加拿大牛的血统？抑或是人与牛两种血统的混血儿?"

那几位站起来发难的反对派给驳得哑口无言，旁听席上，掌声雷动。

朗宁的高明之处就在于在遭受嘲讽、挖苦的时候，能够镇定自若，不乱方寸，并且坦然承认喝过中国人乳汁的事实，既不必否认，更无须辩解，然后抓住论敌荒谬的观点推导出更加荒谬的结论，峰回路转，大获全胜。

【小宰相甘罗】

春秋时期有很多名人以舌辩而著称，有人用以下的字句做了宽泛的描述：“三寸不烂之舌，强于百万雄师。晏婴雄辩四方，张仪破横离纵，蔺相如渑池挫秦，甘罗十二为相。”

下面的小故事证明了甘罗神童的美名不虚。

甘罗是秦国下蔡人，他从小就聪慧过人，能言善辩，深受家人的喜爱。甘罗的爷爷甘茂在秦国当了多年宰相，为人正直，不幸得罪了奸臣。奸臣向秦王进谗言：“甘老宰相家里有只会下蛋的公鸡，吃了公鸡蛋，能长生不老。”秦王信以为真，当即下了一道圣旨，让甘茂三天之内献上公鸡蛋，否则，按欺君之罪论处。

甘茂接过圣旨一筹莫展，回到家后长吁短叹：“上哪儿去找公鸡蛋？真乃无理要求！”十二岁的小甘罗从后花园蹦蹦跳跳地来了，见爷爷神色不对，询问发生了何事，甘茂拗不过孙子，只好一五一十地说出了原委。

“秦王太不讲理了。”小甘罗气呼呼地说。他眼睛一眨，想了一个好主意，说，“爷爷，您别着急，我有办法，我替您去面见秦王。”甘茂半信半疑，但又别无他法，只能死马当活马医。

翌日一早，小甘罗穿戴整齐随满朝文武官员上朝。他不慌不忙地走进宫殿，向秦王施礼。

秦王很不高兴，说：“小娃娃到这里捣什么乱！你爷爷呢？”

甘罗镇定地说：“启奏大王，我爷爷今天来不了啦。他正在家里生孩子呢，托我替他上朝来了。”

一听这话，满朝文武哄堂大笑，都道这是天下奇闻。

秦王正色道：“你这孩子，一派胡言，男人哪能生孩子？”

甘罗也不甘示弱地回答：“大王圣明，那公鸡咋会下蛋呢？”

秦王无言以对，不禁称赞道：“小小顽童却有宰相之才！”

就这样，甘罗利用将错就错的否定方法，没有直接揭露秦王的荒诞，而是引出一个更为错误的结论，让秦王自己去攻破自己的观点，不得不放弃自己的无理要求。

【空瓶里喝出酒来】

从前有位贪婪成性的财主，每次吩咐别人去办事都想从中揩点油水。一天，财主派一名伙计去买酒，却没有给钱，分明是要伙计自掏腰包买酒给他喝。聪明的伙计故意装出莫名其妙的傻样，问道：“老爷，没有钱怎么能买到酒呢？”

财主生气地说："用钱买酒，这是谁都能办到的；如果不花钱就能买到酒，那才是有能耐的人。"

面对无赖的财主，伙计觉得该给他点颜色看看。他心生一计，一言不发地拿着酒瓶出去了。

伙计转眼间又拿着空瓶子回来说："酒买来了，请老爷美美地喝上两盅吧！"财主见瓶内空空如也，便大发雷霆："岂有此理，你是怎么给我办事的？酒瓶空空，叫我喝什么？小心我扣你半年工钱！"

伙计这才慢悠悠地说："从有酒的瓶里喝到酒，这是谁都能办到的；如果能从空瓶里喝到酒，那才是真正有能耐的人。"

财主气得直翻白眼，一句话都说不出来。

显然，吝啬的财主只是想占伙计的便宜，聪明的伙计利用其荒谬的论断引出一件更荒唐可笑的事情巧妙地惩戒了财主一番，灭了财主的嚣张气焰。

【智圣东方朔】

武帝文韬武略，功绩显赫，到了晚年，仍逃不出帝王渴求长生不老的俗套。许多热衷于钻营的人，得知武帝的想法，便千方百计投其所好，趋之若鹜地给他进献仙丹妙药。虽说无一有效，但武帝总抱有侥幸心理，希望有朝一日能够碰到灵验的。

有一天，御医大臣进宫上奏，有人打听到湖广地方、洞庭湖的君山顶上长着一种仙藤，终年香气不散，把它蒸成美酒，喝了能够返老还童，长生不死。

汉武帝听了，喜出望外，当即给御医晋升三级，还赏给他白银三千两，令他带领五百士卒，到君山取不死仙藤。

御医领着士兵，浩浩荡荡日夜赶路，来到了君山，找到了几位老人，寻到了酒香山的酒香藤。御医看见酒香藤果然奇香扑鼻，便不顾一切地命令手下把满山香藤拔光，好给皇帝酿酒。老人们看见他们这么凶暴，只好暗暗地藏下几根小藤，准备留做种子，谁知那藤上的酒香气味被御医闻到了，不但抢去了最后几根小藤，还把三个老人都杀了。御医命令手下斋戒淋浴，拜了三天神，然后动手蒸酒，好不容易蒸出两坛喷香的好酒，才高高兴兴地赶回京城去了。

御医一路上风尘仆仆，早起晚睡，早已疲倦得要死，再加上酒香熏人，刚刚进宫，就迷迷糊糊睡着了。

话说，汉武帝宫中有个智囊人物，名叫东方朔。此人诙谐滑稽，足智多谋，三寸不烂之舌令人惊奇。

东方朔听说御医在君山为非作歹，杀害无辜百姓，一心想要当着皇帝的面揭发他的罪行，教训他一顿，便跑上前去捧起酒坛，把酒喝了个精光。

御医醒了，看见酒坛空了，东方朔的口里却酒气冲天，心想：我这到了手的高官，用不尽的金银，全被这个老朽一口吞掉了！他越想越气，怒气冲冲地拉着东方朔见皇帝，告了他一个偷喝仙酒的欺君之罪。

汉武帝听了，龙颜大怒，喝令立斩东方朔。

因为东方朔平日为人正直，满朝文武都泪汪汪地跪在阶下替他求情。然而东方朔却跟没事人一样，望着皇帝哈哈大笑，把汉武帝给弄糊涂了。

他问东方朔："东方朔呀！你这个老糊涂，你死到临头了，还笑什么？你是真的不怕死，还是酒醉未醒?"

"我没醉，一点也没醉。陛下，御医在君山肆意杀害百姓，百姓们住在酒香山，终年闻酒香，喝仙酒，为何未能逃脱他的杀戮，也未见一人复生？今日我喝了这么多仙酒，陛下如能把我杀死，这酒又如何称得上'不死仙酒'呢？人哪有不死的？如果皇上为了这'假仙酒'而将我杀死，不是要令天下人耻笑吗?"

汉武帝仔细一想，如大梦初醒，就把东方朔放了。

因此，宋朝罗大经在他编写的《鹤林玉露》中叹道："方朔数语，园转简明，意其窃饮以发此论，盖讽武帝之求长生也!"东方朔就是故意借这个事幽了武帝一默，忠言进了，还保全了自己。在那个时代，不容易啊！

又有一次，汉武帝对大臣们说："我觉得《相书》上有一句话是很对的：一个人鼻子下面的'人中'越长，命就越长，'人中'长一寸，就能够活到一百岁。"肃立下面两边的文武官员一齐鸡啄米似的点头称是："对对对！皇上所言极是!"

东方朔知道皇上又在做长生不老的梦了，不由哧哧而笑。

汉武帝面露不悦之色："爱卿为什么要笑朕，难道朕说得不对吗?"

东方朔赶忙深施一礼，恭恭敬敬地说道："陛下，我怎敢取笑您呢？我是笑彭祖，彭祖面长！"武帝不解地问："彭祖面长有什么好笑的呢?"

东方朔解释道："传说彭祖活了八百岁。如果《相书》真的很准的话，那么彭祖的人中就应有八寸长，而他的脸就该有一丈多长了。想到这儿，我怎么还忍得住不笑呢?"

汉武帝听了，转怒为喜，哈哈地笑了起来。

劝诫他人需要智慧。东方朔通过"以毒攻毒"的方式，不仅使得汉武帝有所醒悟，也博得了他更多的信任。

运用归谬法应该注意几点：

(1) 抓住对方的谬误所在。对方的谬误往往隐藏在整个议论之中，因此，要敏锐地抓准谬误点，而后假设对方是正确的并加以引申，使之走向极端，这是归谬法的关键。

(2) 推论要合乎逻辑，必须严密，以使引申出来的结果与原错误观点之间有很强的逻辑关系，而且越荒谬，人们越能看清楚其本质；否则，"归谬"就变成真的谬误了。

(3) 归谬法的最终目的是使对方的错误论点不攻自破，因此，所"归"之"谬"必须十分"荒谬"。

(4) 要掌握分寸。由于"归谬法"具有强烈的揶揄讽刺色彩，因此，运用时必须注意区分对象，酌情处理，讲究策略。

是对是错，先听人把话说完

大家都知道，作为空姐，上岗前都要接受严格的语言训练，不仅仅是服务周到，更要语言得体。尽管这样，也避免不了失言。

有这么一个空姐，也是在一次航班上，她秉承顾客至上的服务精神，殷切询问一对年轻的外籍夫妇，是否需要为他们的幼儿预备点早餐。那位男乘客出人意料地用中国话答道："不用了，孩子吃的是人奶。"

因为没有仔细听这位先生的后半句话，为进一步表示诚意，她毫不犹豫地说："那么，如果您的孩子需要用餐，请随时通知我好了。”男乘客先是一愣，随即大笑起来。那位空姐如梦初醒，羞红了脸，为自己的失言窘得不知如何是好。

“人有失足，马有失蹄。”失足了可以再站起来，失蹄了可以重新振作，而人失言了可以用妙语去弥补。只要你有“心机”，你就可以补得天衣无缝。这是一种点石成金的智慧。

1. 及时改口

历史上和现实中许多能说会道的名人，在辩论失利时仍死守自己的“城堡”，因而惨败的情形不乏其例。

1976年10月6日，在美国福特总统和卡特共同参加的为总统选举而举办的第二次辩论会上，福特对《纽约日报》记者马克斯·佛朗肯关于波兰问题的质问，做了“波兰并未受苏联控制”的回答，并说“苏联强权控制东欧的事实并不存在。”这一发言属明显的失误，当时遭到记者立即反驳。

但反驳之初佛朗肯的语气还比较委婉，意图给福特以纠正的机会。他说：“问这一件事我觉得不好意思，但是您的意思难道是在肯定苏联没有把东欧化为其附庸国？也就是说，苏联没有凭军事力量压制东欧各国？”

福特当时如果明智，就应该承认自己失言并偃旗息鼓，然而他觉得自己贵为一国总统，面对着全国的电视观众认输，决非善策。结果为那次即将到手的选举付出了沉重的代价。刊登这次电视辩论会的所有专栏、社论都纷纷对福特的失策做了报道，他们惊问：“他是真正的傻瓜呢，还是像只驴子一样的顽固不化？”福特的对手卡特也乘机把这个问题再三提出，闹得天翻地覆。

有“心机”的人在被对方击中要害时决不强词夺理，他们或点头微笑，或轻轻鼓掌。如此一来，观众或听众弄不清他葫芦里卖的什么药。有的从某方面理解，认为这是他们服从真理的良好风范；有的从另一方面理解，认为这是他们不畏误解的豁达胸怀。而究竟他们认输与否尚是个未知的谜。这样的辩论家即使要说也能说得很巧，他们会向对方笑道：“你讲得好极了！”

相比之下，里根就表现得高明许多。

一次，美国总统里根访问巴西，由于旅途疲乏，年岁又大，在欢迎宴会上，他脱口说道："女士们，先生们！今天，我为能访问玻利维亚而感到非常高兴。"

有人低声提醒他说走了嘴，里根忙改口道："很抱歉，我们不久前访问过玻利维亚。"

尽管他并未去玻利维亚，当那些不明就里的人还来不及反应时，他的口误已经淹没在后来滔滔的大论之中了。这种将说错的地点、时间加以掩饰的方法，在一定程度上避免了当面丢丑，不失为补救的有效手段。

在实践中遇到失言这种情况，有三个补救办法可供参考：

（1）移植法：就是把错话移植到他人头上。如说："这是某些人的观点，我认为正确的说法应该是……"这就把自己已出口的某句错话纠正过来了。对方虽有某种感觉，但是无法认定是你说错了。

（2）引申法：迅速将错误言词引开，避免在错中纠缠。就是接着那句话之后说："然而正确说法应是……"或者说："我刚才那句话还应做如下补充……"这样就可将错话抹掉。

有一次，某著名教授演讲时，把"中国人民的生活一年比一年好"误说成了"一年比一年差"，"君子一言，驷马难追"，在举座惊愕之际，教授不动声色，不紧不慢地接上一句："难道真是这样吗？不，大量事实驳倒了这种谬论。"

真是化腐朽为神奇，教授的应变能力，在紧要关头发挥了作用。

（3）改义法：巧改错话的意义。当意识到自己讲了错话时，干脆重复肯定，将错就错，然后巧妙地改变错话的含义，将明显的错误变成正确的说法。

某次婚宴上，来宾济济，争着向新人祝福。一位先生激动地说道："走过了恋爱的季节，就步入了婚姻的漫漫旅途。感情的世界时常需要润滑，你们现在就好比是一对旧机器……"其实他本想说"新机器"，却脱口说错，举座哗然。

这对新人更是不满溢于言表，因为他们之前都各自离异，历尽波折才终成眷属，自然以为刚才之语隐含讥讽。那位先生发觉说错了，赶紧住口。他的本意是要将一对新人比作新机器，希望他们能少些摩擦，多些谅解。但语既出口，若硬改过来，反而不美。他马上镇定下来，略加思索，不慌不忙地补充一句："已过磨合期。"此言一出，举座称妙。这位先生继而又深情地说道，“新郎新娘，祝愿你们永远沐浴在爱的春风里。”大厅内掌声雷动，一对新人早已笑若桃花。

这位来宾的将错就错，顺着错处续接下去，反倒巧妙地改换了语境，使原本尴尬的失语化作了深情的祝福，同时又道出了新人间情感历程的曲折与相知的深厚，不失为一种随机应变的巧妙方式。

某位中年女演员穿着一件黑缎子面料制作的旗袍参加一个舞会，人们都对她赞不绝口。只有一位心直口快的姑娘说了一句：“穿这件旗袍老多了。”刚一出口，便觉失言，她从容地补上一句：“真的，大街上穿这样旗袍的老多了，真漂亮。”果然，后面的话使女演员十分高兴。

汉语的特点是一词多义，利用这个特点，可以将错字形成另外一种解释。姑娘把“人显得老多了”的意思偷换成了穿这件旗袍的人有很多，既挽回了尴尬局面，又间接称赞了对方很时髦，可谓聪明机智。

2. 借题发挥

某大学一次智力抢答竞赛上，主持人问：“‘三纲五常’中的‘三纲’指的什么？”一个女学生抢答道：“臣为君纲，子为父纲，妻为夫纲。”恰好颠倒了三者关系，引起哄堂大笑。

当这位女生意识到答错后，立刻补充：“笑什么，解放这么多年了，封建的旧‘三纲’早已不存在了，我说的是‘新三纲’。”

主持人问：“何为‘新三纲’？”

她说：“现在我国是人民当家做主，领导干部是人民的公仆，岂不是臣为君纲？当前，独生子女是父母的小皇帝，什么都依着他，岂不是子为父纲？而许多家庭中，妻子的权力远远超过了丈夫，‘妻管严’‘模范丈夫’比比皆是，岂不是妻为夫纲吗？”

好一个“新三纲”！她的话音刚落，台下掌声四起。大家为她的应变能力而叫好！她抢答失误，要自圆其说，只好将错就错，提出“新三纲”，引申发挥，将“新三纲”诠释得巧妙合理，且极富时代色彩，赢得了满堂喝彩。

不得不承认，真情流露会加分

成功的辩论不仅需要锋利的言辞、缜密的思维、铿锵有力的语调，还必须动之以情。即利用较强的表演手法、较美的文字语言、较深的感情，把自己的真挚感情融入对方及观众的内心，使之沸腾，并最终用感情战胜对方。

林肯在做律师时，一天，一位老态龙钟的妇女找到林肯，哭诉自己被欺侮的经过。原来她是独立战争时期的一位烈士遗孀，每月靠抚恤金维持生活。不久前，出纳员竟要她交付一笔手续费才能领钱，而这笔手续费竟高达抚恤金的一半，分明是变相勒索。

法庭开庭后，被告矢口否认，因为这个黑心而狡猾的出纳员是口头上进行勒索，没有凭据，情况显然不妙。

轮到林肯发言了，上百双眼睛紧盯着他，看他有无法子扭转形势。一开始，林肯并没有陈述案情，也没有在老妇人的不幸上做文章，而是用抑扬顿挫的嗓音，把听众引入对美国独立战争的回忆。他两眼闪着泪光，用真挚的情感述说革命前美国人民所遭受到的深重苦难，爱国志士在冰天雪地中的战斗，以及他们为灌溉“自由之树”而洒尽最后一滴鲜血的事迹。突然，他情绪激动，言辞犹如夹枪带剑，直指那位企图勒索烈士遗孀的出纳员。最后，他以巧妙的设问，做出令人怦然心动的结论：“现在事实已成了陈迹。当年的英雄也早已长眠地下。可是他那衰老又可怜的遗孀，还在我面前要求代她申诉。这位老妇人从前也是一位美丽的少女，曾经有过幸福愉快的家庭生活。不过，她已牺牲了一切，变得贫困无依，甚至还要向享受着由革命先烈争取来的自由的我们，请求援助和保护。试问，我们能视若无睹吗?”

发言至此戛然而止，成功地触动了在场所有听众的同情心。有的怒发冲冠，扑过去要痛殴被告；有的眼圈泛红，为老妇人流下同情之泪；还有的则当场慷慨解囊。

在听众的一致要求下，法庭通过了保护烈士遗孀不受勒索的判决。

白居易说："感人心者，莫先乎情。"因此动之以情，激发众人内心深处的温暖情感，将有助于扭转劣势。俗话说"通情才能达理"，如果没有心理上的沟通作为基础，即使有理，也达不到说服的目的。这正如一位哲学家所言："用鼓励和说服的语言来造就一个人的道德，显然比法律约束更能获得成功。"

【詹妮芙之辩】

在美国著名作家谢尔顿《愤怒的天使》一书中，写了这样一个精彩的故事：

> 刚刚出道的年轻女律师詹妮芙·派克曾经接手过这样一个案件——
>
> 康妮于一年冬天横穿马路时滑倒，被美国"全国通用汽车公司"制造的一辆卡车撞倒。司机踩了刹车，但是卡车还是把康妮卷入车下，导致康妮被迫切除了四肢，骨盆也被碾碎。
>
> 为此，康妮把通用汽车告上了法庭。但是她因说不清楚是自己在冰上滑倒摔入车下，还是被卡车卷入车下。汽车公司的辩护律师马格雷先生，是一个老资格的著名律师。他巧妙地利用了各种证据，推翻了当时几名目击者的证词，康妮因此败诉。
>
> 陷入绝望的康妮向詹妮芙·派克求援，詹妮芙通过调查掌握了该汽车公司近 5 年来的 15 次车祸原因完全相同：该汽车的制动系统有缺陷，急刹车时，车子后部会打转，把受害者卷入车底。
>
> 掌握了这个证据后，詹妮芙和马格雷进行了交涉，希望汽车公司赔偿 500 万美元给康妮，否则将会提出控告。
>
> 老奸巨猾的马格雷表面上同意了，但却提出自己第二天要去伦敦，一个星期后才能回来，到时再研究一下做出适当安排。
>
> 然而，一个星期过去了，马格雷却没有露面。
>
> 詹妮芙感觉不妙，当她目光扫到日历上，突然明白了马格雷为什么要这么做：因为诉讼时效已经到期了！
>
> 詹妮芙马上给马格雷打电话，而马格雷在电话中得意扬扬地放声大笑："小姐，诉讼时效今天过期了，谁也不能控告了！"
>
> 詹妮芙马上问秘书准备好案卷要多少时间？

秘书的回答是三四个小时。而当时已经下午一点，也就是说即使用最快的速度，交到法院时也来不及了。

怎么办？怎么办？难道就这样认输了？

决不！

突然之间，她的脑海中灵光一闪："全国通用汽车公司在美国各地都有分公司，为什么不把起诉地点往西移呢？隔一个时区就差一个小时啊！位于太平洋上的夏威夷在西十区，与纽约时差整整差5个小时！对，就在夏威夷起诉！"

而且当时，因原告康妮在开庭前受到惊吓，不能出庭，詹妮芙只能单枪匹马面对实力雄厚的全国通用汽车公司。

马格雷律师借此机会指责被告，他说："康妮今天不来法庭，是因为她不敢面对你们大家。她知道自己的做法是不道德的。"他以其能言善辩的口齿设法使法庭相信，原告虽然令人同情，却没有要求赔偿的理由，更何况是巨额赔偿。

在这样一个不利的情况下，镇定自如的詹妮芙开始了她的慷慨陈词：

"我的可敬的同行已经告诉诸位，康妮在审判期间将不到庭，这话没错。"说着，詹妮芙顺手指了指原告席上空着的位子，"康妮如果出庭的话，那便是她坐的地方，不过不是坐在那椅子上，而是坐在一张特制的轮椅上。马格雷先生能言善辩，在他滔滔不绝地讲述时，我一直在洗耳恭听。我要告诉诸位，我被他的话深深地打动了。一个缺臂断腿的24岁的姑娘竟然攻击起一家拥有数十亿美元的汽车公司来，这实在使我感到难过。这个女子此刻正在家里渴望着，她爱财如命，一心等待着接到一个电话，通知她已经成为富翁。"

说到这里，詹妮芙的声音突然变得低沉了，"可是她成为富翁以后能干什么呢？上街去买钻石戒指吗？可她没有手啊！买舞鞋吗？她没有脚啊！添置她永远没法穿着的华丽时装？购置一辆高级轿车把她送到舞会上去吗？可谁也不会邀请她去跳舞啊！请诸位想一想吧，她用这笔钱到底能换取什么欢乐呢？"

詹妮芙律师的语调时而低沉，时而激昂，讲到动情处，她的喉咙不禁又像被什么东西堵住了似的，她的双眼噙满了泪花。

最后当詹妮芙一边放一段原告康妮生活片段的录像片，一边不带任何感情色彩地解说时，观众们已根本无法控制自己的情绪。因为这是一个真实的、毫无掩饰的恐惧故事，观众不需要一丝一毫的想象力，他们在影片中可以看到一个标致的断臂断腿的年轻姑娘，她早上被人从床上抱起，背到厕所里，像一个不能独立生活的婴孩似的由人帮着洗脸、洗澡、喂食、穿衣……法庭上这时忽然响起了哭泣声、跺脚声、愤怒的责骂。而此时詹妮芙陈述的语气依旧平静而真诚：

“马格雷先生这一辈子从来没有一次见到过500万美元，我也没有见过。但是我要向你们说明，如果我把500万美元的现钞赠给你们中的任何一位，而作为交换的唯一条件是砍去你的双手和双脚。这样，我想500万美元也未必见得就是一笔可观的收益了。”

最终，陪审团经过长时间地讨论后询问詹妮芙，能否判给高于原告所要求的赔偿总额——600万美元。

“黄毛丫头”詹妮芙小姐一举击败了老资格的大律师马格雷，名扬全国！

因为把自己逼到了“绝处”，反而让詹妮芙充分激发了自己的智慧，最终想出了“绝招”。

詹妮芙律师利用这至关重要的几个小时，以雄辩的事实和催人泪下的语言使陪审团的判决峰回路转，其结果是显而易见的。因为人类毕竟是感情动物，即使有千百个理由，也比不上一个令人感动的事实。这表面上看起来是一个理性的判决，但事实上却是依赖人的感情和五官的感觉来判断的。

【奋扬之舌，忠义之辩】

春秋时期，楚平王为了联秦制晋，曾为太子建聘下执政国君秦哀公的长妹孟嬴做妻子。岂料后来楚平王闻说孟嬴为绝色美人，遂生染指之意。在佞臣费无极的怂恿策划下，用偷梁换柱、瞒天过海之计，把孟嬴纳入自己的宫中。不久，楚平王怕事情败露，又找来个借口把太子建调离京师，派往城父镇守。临行前，楚平王假惺惺地委派一个叫奋扬的武士负责保卫太子，并嘱咐说：“你侍奉太子要像侍奉我一样啊！”

次年孟嬴为楚平王生了一个儿子，楚平王许诺要立其为太子以接王位，但又碍于太子建已立在前而不敢妄动。费无极看出了楚平王的心思，又进献谗言："太子建与伍奢合谋勾结齐晋二国兴兵造反，欲以此雪夺妻之恨，不如借机杀之。"

荒淫无道的平王遂密令奋扬"杀太子受上赏，纵太子当死"。奋扬痛恨楚平王荒淫无能、滥杀无辜，便把平王的密令报告太子，让太子立即逃走，然后自缚去见楚平王，说："太子已经逃走了，臣来请罪！"

"命令是我下的，只有你知道，究竟是谁泄露了秘密？"楚平王怒喝道。

奋扬直言不讳："是我告诉太子建的。"

楚平王一听，气得暴跳如雷，恨不得把他撕成碎片："你既然放走了太子，却又来见我，难道不怕我砍了你的头？"

奋扬虽是武将，却也是有勇有谋的辩才。此时面对平王的威胁，他毫无惧色，从容答道："我前往城父之时，大王命令我'要像侍奉大王一样侍奉太子'，如今太子有难，就如同大王有难一样，我怎能不迅速出手相救呢？遵旨行事，自然无罪。我还怕什么？如果大王责备我不遵从您后来的命令而把我杀掉，我是为救太子而被杀的，虽死犹荣。又有什么可怕呢？更何况我了解太子并没有谋反的意图，让他逃走是不屈杀无辜之人，如果我因此而被杀，虽死无愧，那又何必害怕呢？太子无罪而逃生了，比我的生更有价值，我为他而死心甘情愿，那就更谈不上害怕了！"

楚平王听了，非常感动，对奋扬说："你虽然违抗了我的命令，但你的忠诚、率直确实值得嘉奖！"于是便赦免了他，仍然让他担任城父的司马。

奋扬以一个雄辩家的大智大勇，临危不惧，处变不惊，慷慨陈词，终于置之死地而后生。

分析奋扬的自辩过程，我们可以看出他主要采用了以守为攻、步步为营的论辩方法。他先讲"一不怕"来封平王的嘴，再讲"二不怕""三不怕"来显示自己的义，最后以"四不怕"来体现自己的"忠"。步步递进，层层深入，既让楚平王感到自己出尔反尔的尴尬，又让平王觉出屈杀忠义的不义，并由此感悟归正。这种晓之以理、动之以情、层进渐入的辩术，确实令后人获益匪浅。

后来有人这样称颂："奋扬之舌，忠义之辩。"

第八章

素质高不高，看你能不能好好说话就知道了

领导与下属人格上是平等的，职位的不同，不等于人格上的贵贱。领导在与下属沟通时要先从尊重对方开始。

不管你是谁，先好好说话

领导与下属人格上是平等的，职位的不同，不等于人格上的贵贱。领导在与下属沟通时要先从尊重对方开始。

中国的“打工皇帝”唐骏在任微软中国公司总裁期间，经他面试的公司员工达到2500人，他规定每个想要进入微软中国公司的人都必须经他面试。其目的是让员工知道自己从进入公司之日起，就被老总重视。“想想，一个老总面试你，可见你在老总心目中是何等重要!”

微软中国任何一位员工的父母来探亲，公司都会派车去接。老人家感觉子女在公司很有面子，也照顾了子女的孝心。

唐骏能够叫出每个员工的中英文名字。一次，在电梯间遇上一个普通员工，唐骏一下子就喊出了他的英文名字，并询问他手头项目的进展情况，并对此提出了建议。隔日他的邮箱收到发自那个员工的一封邮件，那位员工在邮件中对唐骏说：“这辈子我跟定您了。”

原来，那位员工当时正和女友在电梯间，处在热恋之中，但关系尚摇摆不定，女友仗着漂亮姿色，有一点瞧不起他的意思。“电梯事件”后，女友马上对男友刮目相看，因为公司总裁叫得出男友的名字，知道男友做什么项目，可见男友在总裁心中地位非同一般，必然前程远大。那个员工因而对唐骏感恩戴德，女友跟定了他，他就跟定了唐骏。

这样的激励手段，把工作做到了员工心里去，他不为你卖命才怪!

无论是谁，都愿意在一个富有人情味的团队里工作和生活。这种人情味的注入，首先是该团队领导的责任，因为领导是否善解人意，是否体恤和关怀下属，直接决定着这个团队人性化氛围的浓度。员工最在意的，就是别人对他们的态度。而善解人意的背后，正是体现了上司对下属的那份最可贵的尊重。

假如一个员工今天气色不好，你要问问他有什么不舒服；如果他请假去照料他生病的妻子，那么当他来上班时，要问问他妻子康复了没有；倘若发现他今天走路一瘸一拐，要问问他怎么回事；如果他经常谈起他女儿上学的事，可过问一下他女儿在学校的成绩如何。虽然这些看似小事，却能大大提高你的威望，使你的上下级关系迥然不同。

“得理不饶人”是最蠢的话术

人非圣贤，孰能无过。得了理，也别不饶人，让别人三分，给别人留条退路，也是给自己留余地。

王朝是一家事业单位的老员工，仗着自己在单位工作时间长，就自居为领导，经常指使新来的员工帮自己做事。王朝是一个“直性子”，不高兴了就会说新来的实习生，还经常得理不饶人。

李多多是今年新招进来的应届毕业生。刚参加工作，王朝让她干活，她就干了，也不敢说什么。但时间久了，李多多发现，这些其实不是自己的分内工作。

李多多找到王朝，对他说：“这些工作不是我分内的，我不想再帮你做了。我自己的工作也好多。”

王朝听了这话，很不开心。他觉得自己的“权威”被挑战了，但是，除了苛责李多多几句，他也不能做什么。这件事情就这么过去了。

几天后，李多多上班吃零食被抓到了。于是，领导让王朝跟李多多说一下，以后不要这样了。王朝开心坏了，狠狠地骂了一通李多多，见到谁，就跟谁说这件事。

李多多知道了，并没有说什么。她改掉了自己的毛病，并努力工作。后来，李多多通过考试，成为王朝的领导。

王朝记恨李多多不帮自己干活，挑战自己的“权威”。于是，在抓到李多多的痛处之后，他“得理不饶人”。我们常说，得饶人处且饶人，给别人留点余地，日后也好相见啊。

得理让三分，一是给自己留退路。言辞不要太过于极端，这样才能从容自如地处理彼此的关系；二是给别人留退路。不管在什么样的情况下，都不应该把别人逼向绝路，如果对方没了退路，也许会做出一些过激的行为。而这样的结果是大家所不愿意看到的。

得理让三分，不让别人为难，同时也是不让自己为难。让别人轻松了，自己也可以获得解脱。道理有时候并不是讲出来的，一味地纠结于这一件事情，自己的生活也会不快乐。

大部分直性子的人比较情绪化，得了理，他们可能会一直与对方讲道理。在情绪平静下来之前，这件事情是不会结束的。公道自在人心，谁是谁非，大家都看得出来。过于苛责别人，其实没有什么意义。

得了理，不让人的人，大多都是有主见的“直性子”，他们自认为自己占了理，所以，就可以无拘无束地教训别人，教导别人。如果对方辩驳，也许还会引发争吵。自己占了理，他们不允许对方发表不同的意见，不留情面地批评别人。这种做法，除了让双方关系破裂，其实没有任何意义。我们应该明白：得理让三分并不是怯懦，而是真正的大度得体。

得理不饶人，看起来好像是在坚持“正义”，可实际上，这是不合理的。正义是什么，没有一个绝对的标准。每个人看问题的角度不一样，自然也就对正义有着不同的看法。所以，下次遇到了占理的事情，别太过分“讲理”。

唐代有一名臣，叫郭子仪，历经四朝，权倾朝野。他常常向帝王直言进谏，却一次又一次地安然度过政治事件，一生安享富贵。终年，八十五岁。

而他这么“直性子”，却能在国君昏庸的时代享尽富贵，安然离世，这都是因为他做事的原则：得理让三分。加上他性格豁达，能这么长寿，也就不足为奇了。

郭子仪任职兵部，为兵马大元帅时期，皇帝身边有一宦官，叫作于朝恩。于朝恩擅长拍马屁。深得皇帝的喜爱。他十分嫉妒郭子仪的权势，经常在圣上面前说郭子仪的坏话，但是，皇帝并不是很相信他所说的。

愤懑之下，于朝恩指使自己的手下，挖了郭家的祖坟。此时，郭子仪并不在京城。

当郭子仪从前线返回京城的时候，所有的官员都以为他会杀掉这名宦官。但是，他却对皇帝说："我多年带兵，士兵们太多，他们也曾盗挖过别人家的坟墓。我郭家祖坟被挖，是我不忠不孝，并不能过度苛责于别人。"

祖坟被挖，历朝历代都视为奇耻大辱。而郭子仪在占理的情况下，还能这么大度，可见，他是一个多么宽容的人。或许正因为如此，他才得到了官员们的钦佩，因此，每次都能从政治事件中全身而退。

把直性子当作借口，抓住了别人的痛处，就一味地苛责别人，其实是不懂得尊重他人。自视甚高，不能心平气和地讲话的人，只能让朋友、同事疏远自己。因此，得理让三分，日后好做人。

现代社会，人们喜欢谈"真诚"，强调直言不讳。而这就导致，很多人有什么说什么，不太在意别人的感受。而这些"直性子"的人，好胜心也强，他们常常锱铢必较，喜欢与对方辩驳，证明了自己是对的才善罢甘休。如果占了理，可能就会变本加厉。

但实际上，每个人都会做错事情，既然自己也会犯错，就应该允许别人犯错。换位思考一下，假如自己犯了错，别人揪住自己不放，得理不饶人，你心里又会是什么感受呢。

得理不饶人，根本上看就是不擅长处理人际关系和复杂的事情，不尊重别人。而这样的人，太过于主观，会在学习、生活中吃亏。多总结，提高自身修养，完善自己的人格，就能深刻理解"得理让三分"的道理。如果年纪大了，还经常得理不饶人，那就会犯大错误了。人们常说，我敬人一尺，人敬我一丈。在得理的情况下，还让对方一马，以后他也会放你一马。做人做事，留三分余地，对己对人都有好处。

会做人就是说话让三分

"人非圣贤，孰能无过?"你的下属当然也不例外。很多时候，我们都需要宽容，宽容不仅是给别人机会，更是为自己创造机会。即使自己有理，也应让别人三分。因为，当你给他人让出了台阶，也是为自己攒下来人情，留下一条后路。

【曹操烧信】

三国时期，诸侯割据称雄，各个势力长期混战，力量此消彼长。曹操在这个过程中逐渐强大起来，成为唯一能和袁绍相抗衡的力量。

不过在当初，袁绍的势力远远大于曹操。曹操很多部下与袁绍暗中勾结，来为自己留条后路。

官渡之战结束后，曹操将所得金宝缎匹赏给军士。在清理战利品时，曹军从袁军大营里缴获了一大摞书信，都是曹操的部下写给袁绍的密件。那些写了信的人见秘密即将败露，一个个胆战心惊，不知如何是好。

曹操左右的人提议："可逐一点对姓名，收而杀之。"曹操说："当绍之强，孤亦不能自保，况他人乎?"曹操连一眼也没看，下令将信件付之一炬。

仔细思量，曹操烧信化敌为友，可谓匠心独运。它的可圈可点之处在于给了他人改正错误的机会。曹操是看透了人性的，人在特殊情况下，被眼前利益驱使，都有可能说错话，做错事。反之，如果曹操小肚鸡肠，睚眦必报，对昔日有意叛逆者追查到底，那么极有可能造成军心动摇；况且，当时正是用人之际，消除了异己，实力也将大大受损。

也正是曹操这种既往不咎，"宁可人负我，不可我负人"的烧信之举，让部下觉得他宽宏大量，值得追随、报效，是一个靠得住的君主，所以才有了后来的众多武将、谋士纷纷投靠，为曹操的魏国天下出谋出力，夺下了整个中原大地。

【楚王绝缨】

有这样一首诗："暗日牵袂醉中情，玉手如风已绝缨。尽说君王江海量，蓄鱼水忌十分清。"这是后人赞扬楚庄王宽阔胸怀的。

《韩诗外传》中讲过一个有趣的故事：

楚庄王一次平定叛乱后大宴群臣，宠姬嫔妃也统统出席助兴。席间丝竹声响，轻歌曼舞，美酒佳肴，觥筹交错，直到黄昏仍未尽兴。楚王就命令点起蜡烛再喝，还特意叫最宠爱的两位美人许姬和麦姬轮流向大臣们敬酒。

忽然一阵狂风把大厅里的蜡烛全吹熄了。黑暗中，一位喝得半醉的武将斗胆揩油亲泽，拉住许姬的袖子，摸了她的玉手。许姬慌忙反抗之际，把那人帽缨揪了下来，匆匆回到座位上对楚王咬着耳朵说：“大王，有人借灭灯之机，调戏侮辱我，我已将那人的帽缨折断，快快将蜡烛点上，看谁没有帽缨，便知是谁。”

楚庄王知情后，却大声说，“与寡人饮，不绝缨者，不为乐也”，叫大家都把帽缨摘下来，再重新点亮蜡烛，君臣尽兴而散。

两年后，楚晋交战，楚将唐狡阵前表现特别勇猛，拼死效力。楚庄王问他为何如此英勇，唐狡如实回答：“在绝缨会上，拉美人袖子的就是我，承蒙君王不杀之恩，今特舍命相报。”楚王大为感叹：“当时若查明治罪，今日你能死力效劳吗?”说罢便给唐狡记了头功，还把许姬赐给了他。

楚王这么做，实为大丈夫所为，人必须有帝王般的胸怀才能如此，绝非市井小人所能做得出来的。从道德角度来说，是宽容、仁慈；从智谋上讲是给人生路，顾全大局；从政治上讲，是收买人心，显示他的不凡气度，以及爱人才胜过美人的贤明。在楚王眼里，酒后狂态属于人之常情，能够理解人性弱点的人，也自然能够发掘并调动人性中潜在的崇高与烂煌。

会说话，关键时刻能救命

通常情况下，当你要和说服的对象较量时，彼此都会产生一种防范心理，特别是在危急关头。这时候，要想成功说服别人，你就必须注意消除对方的防范心理。从潜意识里来说，防范心理的产生是一种自卫，是人的一种本能，也就是当人们把对方当作假想敌时产生的一种自卫心理。那么，消除防范心理最有效的方法是什么呢？那就是反复给予暗示，把自己当成他的朋友。这种暗示可以采用很多种方法来进行：嘘寒问暖、给予关心、表示愿提供帮助等等。

【紧握善良，感化歹徒】

当你身上带着一万元进入电梯后，走进来一个身强力壮的男子。当电梯启动后，男子凶相毕露地对你说他要抢劫，这时，你该怎么办?

面对歹徒的尖刀，你是吓得腿软，浑身冒汗，很快把钱递到歹徒手上；还是惊慌失措地大喊救命，还是……

空荡荡的电梯里只有两个人。

一个是双鬓染雪的老人，另一个是身强力壮的歹徒。此刻，歹徒从身上拔出一把寒光闪闪的匕首，面露凶光，口中喝道："快！识相的话，你就快点把钱拿出来！"

老人平静地看着伸到自己胸前的匕首，又看了看凶狠的歹徒，面带善意地说："小伙子，你缺钱花，对吧？不过不用这样做，你直接跟我要就行。年轻人，你可以把刀子收起来跟我说话吗？"

在表示理解的前提下，老人试图创造一种能够平等交流的氛围，以松弛对方的神经，减少一触即发的危险。

歹徒还是紧张地举着匕首，故作镇定地说："少啰嗦，快拿钱来！"

老人微笑着打开随身带的小包，说："我这里有一万元钱，你如果坚持拿去，我也没话说。但你用刀逼着我拿钱就算抢劫，这样会害了你一辈子的。"

歹徒举着匕首的手这时微微颤抖起来，匕首也举得越来越低了。

"不如这样，我给你留张名片，你需要钱就到我家里去取。"老人说着掏出一张名片递了过去。

看到歹徒的心理防线已经开始松动，老人乘胜追击。"递名片"的言语和动作在这紧急关头可谓棋高一着，既印证了老人的诚意，又亮出了身份，将辩论角色的强弱两方来个了大换位。

歹徒接过名片一看，吓得脸色煞白，匕首"当啷"一声掉在地上，泪水从眼眶溢出。

此时，电梯停了。老人见有人进来了，悄悄捡起匕首放在自己包里。随后说："小伙子，你有什么难处，对我说，我一定会尽力帮助你的。"

年轻人一直低着头，老半天才挤出了一句话："孙院长，我对不起您！"

孙院长轻轻拍了拍他的肩膀说："什么也不要说了，谁都有做错事的时候。有错不怕，改了就好。"说着，老人从包里拿出一沓钱硬塞在年轻人的手里。

年轻人的泪水夺眶而出：“孙院长，您的话我记住了。我以后再也不干这种缺德事了！您借给我的钱，我一定会还给您的！”说完，夺门而出。

在这场惊心动魄的较量中，语言和情感成了孙院长最有力的武器。他运用入情入理的语言，成功地将体力上的较量转化为心理上、人格上的较量。他在选择语言时采取了“稳住对方——暂时退让——晓以利害——动之以情”四步方略，环环紧扣，步步为营，终于赢得了这场殊死较量的最后胜利，也为我们身处危险境地如何运用语言技巧智辩突围、转危为安提供了一个成功的范例。

后记：四个月之后，那位年轻人把钱还给了孙院长。孙院长得知年轻人家境贫寒，特赴他家为其父母看病买药；又出资帮助年轻人开了一个豆腐坊。开业那天，年轻人跪在地上磕着头对孙院长说：“您就是我的再生父母，我一定不会给您脸上抹黑！”

【一声“孩子”，温情感化劫匪】

“从他蒙面进来，到他跳窗户走，整个过程不超过20分钟，我听出来他是个孩子，我一直叫他宝贝、孩子，到最后他临走前叫了我一声‘妈’。”

2009年5月15日凌晨，长春市某饭店发生抢劫案。遭抢的高女士44岁，是饭店的大厨，当晚值夜班。

半夜三点多，房门玻璃被踢碎，闯进来一名蒙面的男子。

此人身高1.7米左右，不胖不瘦。高女士想喊，可是什么也喊不出来。

“钱放哪了？别吵吵！”男子怕惊动其他人，一把掐住高女士的脖子，另一只手拿一把尖刀抵在高女士的脖子上。

高女士坐在地上，她看着尖刀，知道刀子正抵着大动脉。

男子的声音很小，高女士从他的声音判断他很年轻。“我一下子就冷静了下来，我想一定要保住自己的命，不让他伤害我！”高女士回忆。

“孩子，你别伤害我，我还要养活我老公和儿子呢！”高女士轻轻地说。

男子一边掐着她的脖子，一边到处找钱。高女士告诉他钱就在柜子里。

“在哪呢？阿姨。”男子没松开高女士的脖子，另一只手在柜子里乱翻。

“别着急，宝贝，被子下面有个包，包里有账本，钱就在账本里夹着呢！”高女士说。

男子找到了账本，拿出了装钱的包，包里有好几摞钱，男子把钱胡乱地往兜里揣，慌乱中蒙脸的面巾掉在了地上。高女士感觉背后的男子愣住了，她马上说：“放心，宝贝，阿姨不会回头看的，你别担心！”

男子拿到钱后准备离开，当他想要拽她到窗户那端时，机智的高女士又指引他从窗户逃走，并说：“孩子，阿姨不会喊的！”

男子想了几秒钟，放开了一直掐在她脖子上的手说：“我要走了，临走前，我想叫你一声‘妈’！”“妈！”“哎，好孩子，快走吧！”男子披上桌布，从窗户跳了出去。

高女士面对年轻的劫匪，多次唤他“孩子、宝贝”，是为了唤醒他心底最柔软的部分，既保护了自己，又避免他一错再错，走向恶的深渊。

不能嘴软的时候坚决要硬

丹麦著名的童话作家安徒生衣着很简朴。一天，他戴着一顶破旧的帽子在街上走。有个家伙讥笑他：“你脑袋上边的那个玩意是什么？能算是帽子吗？”

安徒生回敬道：“你帽子下边的那个玩意是什么？能算是脑袋吗？”

英国大作家萧伯纳长得很瘦。有一次，他去参加一个宴会，一个大腹便便的富翁嘲笑他说：“哈罗，亲爱的萧伯纳先生！一见到你，我就知道目前世界上正闹饥荒。”

萧伯纳笑了笑，迎头痛击："亲爱的先生！我一见到你，就知道了世界上正闹饥荒的原因。"

财大气粗的人或地位显赫的人总爱依仗他们的财富或地位来显示他们的高贵或威严，但聪慧的幽默者却能用幽默的语言把他们的高贵或威严扯下马，而使他们变得滑稽或卑微，令其处于难堪、自讨没趣的境地。

"九·一三"林彪叛逃事件之后，在联合国安理会的一次辩论会上，苏联代表马立克妄图借此事诋毁中国，他傲慢地说："中国那么好，为什么林彪还往苏联飞呢？"中国代表镇静而幽默地回答："尊敬的马立克先生，您连这一常识都不懂，鲜花虽香，苍蝇不照样往厕所飞吗？"

以上三则小故事蕴涵了一个共同点，即适时地采用了反唇相讥的战术。这种战术是在受到语言攻击的情况下及时、巧妙地利用对方讲话内容中的漏洞，或套用对方的进攻套路，或借用对方的某些语句，借助比喻、夸张、反语等修辞手法来反戈一击，回击恶意挑衅，摆脱自身的窘境。可以说，这是一种快速反应的智慧，是一种急智。它表现为受攻击时保持冷静，冷静中敏捷反击，反击时一剑封喉。这种战术体现出人的机敏和语言的弹性，是智者们尽情点缀自己才华、风采和美丽的语言花朵。

古人云："言以载道。"意思是说成功的语言要言之有理，才能够达到目的。在中国古代官场上，齐国的重臣晏子是一个能言善辩的高手，他的"回马三枪"至今为人称道。

齐景公当政时，为了联合强大的楚国，决定派一能说会道者出使楚国，选来选去，最后将重任交给了晏子。

消息传来，楚灵王自恃国家强大，根本不把齐国放在眼里。楚王召集大臣说："我倒是听说过晏子这个人，很有才能，能言善辩，论口才我们可能都比不上他，讨论国家政治、历史掌故，我们都不是他的对手，但是我还是想让他出出丑。"

楚王问："谁见过晏婴？"这一问，大臣队列中闪出一位，还没有开口，就已经自顾自地笑起来了。楚王忙问：

“你发笑为何？”这位讲：“派大使得派相貌堂堂的人来，起码得像个人样，谁想会派了他来？”楚王一听，来劲了，让他讲下去。他说：“臣见过晏婴，岂止是难看，其实是世界上最丑的人了：矮矮的个子，身高不过六尺，简直是说多丑就有多丑！”

楚王兴奋起来了，说这样岂不是正好。于是，和大臣们商量好如此这般地捉弄他一番，让他狼狈不堪，窘态毕露，以示威于天下。

楚王先从身高上给晏子一个“下马威”。他特意在大门的旁边另设一小门，准备迎候晏子。

晏子坐着马车来到楚国都城的东门，但是门不开，晏子便命随从叫门。哪知接待者指着小侧门说：

“尊敬的相国，您进入此门绰绰有余啊！这是我们国君特意为您准备的小门，您为什么还要我们开大门呢？”说完，几个人在一起窃窃私语地偷笑着。

晏子什么大场面没见过，用脚趾想都知道是楚王的鬼把戏，便站着不动，镇静自若。

来而不往非礼也。

晏子对接待者说：“烦请你禀报楚王，问他这里是什么地方？如果我出使的是狗国，那我自然该从这个小门进去；如果这里不是狗国，那我还得从大门走进去。”

无奈，楚王只好让晏子从大门进去。

晏子见过楚王之后，双方就座。楚王瞅了他一眼，冷笑了两声，晏子比他想象的还矮小瘦弱。他用傲慢的口吻嘲弄道：“怎么，晏先生，齐国就没有人了吗？”

晏子不动声色地回答：“齐国地广人多，单是国都临淄的人，便呵气成云，挥汗如水，人们走在路上肩擦肩，脚挨脚。大王，您怎么说我们齐国没有人呢？”

楚王仰天大笑：“既然贵国人才济济，怎么会派你这样的人来做使臣呢？”说完，他向群臣挤了几下眼睛，大厅里顿时哄然大笑，眼睛“刷”地一下全都向他射来。

晏子沉着冷静，掷地有声地说：“噢！大王，这您就不知道了。我们齐国派遣使臣有个不成文的规矩：如果出使礼仪之邦，去朝见德高望重的君王，就要选高大英俊、才华横溢的人为使臣；如果去的是粗野无礼之国，朝见的是昏庸无能的君王，则选派丑陋无才的人为使臣。我在齐国无才无德，人又丑又矮，所以只配充当出访楚国的使臣。”

楚王的脸像变色龙，红一阵绿一阵黄一阵，几欲发作，最后还是将怒气吞回去，假装无事的样子，招呼晏子到宴会厅享受国宴。

席间，有两名士兵押着一个囚犯从大殿下经过。楚王假装大怒，顺手将酒杯砸在地上骂道：“你们的眼睛瞎了吗？没有看到我这里有贵宾？”

士兵急忙跪下说：“请大王息怒，只因此人犯了罪，要您审问。”

楚王漫不经心地问道：“他犯了什么罪？”

“回大王，盗窃罪。”

“哦，抓了一个贼，这有什么了不起的。也要我来审问？”

“可是……”士兵欲言又止。

“可是什么？”楚王怒斥。

“可是……偷东西的贼是齐国人。”士兵说。

“齐国人！”楚灵王故意将“齐国”二字说得非常响亮，觑了晏子两眼，笑嘻嘻地说：“齐国人怎么这么没出息，跑到楚国来做贼？”

晏子明知这个所谓的犯人并非齐国人，只是楚王设计侮辱自己的伎俩。他面不改色地站起来，作了揖，问道：

“大王怎么不知道哇！淮南的柑橘，又大又甜。可是一把它移栽到淮北，就只能结又小又苦的枳子，还不是因为水土不同吗？同样的道理，齐国人在齐国能安居乐业，好好地劳动，一到楚国，就做起盗贼来了，也许是两国的水土不同吧？”

楚王几次自取其辱，对晏子佩服得五体投地。他对大臣们说：“晏子是圣人，不敢跟圣人开玩笑哪！我这是搬起石头，砸了自己的脚啊！”

晏子靠自己的回马三枪，完成了出使楚国的使命。